만점왕 연산

Pre
1단계
예비 초등 권장

| 교재 내용 문의 | 교재 내용 문의는 EBS 초등사이트 (primary.ebs.co.kr)의 교재 Q&A 서비스를 활용하기 바랍니다. | 교 재 정오표 공 지 | 발행 이후 발견된 정오 사항을 EBS 초등사이트 정오표 코너에서 알려 드립니다. 교재 검색 ▶ 교재 선택 ▶ 정오표 | 교재 정정 신청 | 공지된 정오 내용 외에 발견된 정오 사항이 있다면 EBS 초등사이트를 통해 알려 주세요. 교재 검색 ▶ 교재 선택 ▶ 교재 Q&A |

만점왕 연산

Pre

1단계

예비 초등 권장

만점왕 연산을 선택한
친구들과 학부모님께!

연산은 수학을 공부하는 데 기본이 되는 **수학의 기초 학습**입니다.

어려운 사고력 문제를 풀 수 있는 학생도 정확하고 빠른 속도의 연산 실력이 부족하다면 높은 수학 점수를 받을 수 없습니다.

정해진 시간 안에 문제를 풀어야 하는데 기초 연산 문제에서 시간을 다 소비하고 나면 정작 사고력이 필요한 문제를 풀 시간이 없게 되기 때문입니다.

이처럼 연산은 매우 중요하지만 한 번에 길러지는 게 아니라 **꾸준히 학습해야** 합니다. 하지만 연산을 기계적으로 반복하기만 하면 사고의 폭을 제한할 수 있으므로 올바른 방법으로 학습해야 합니다.

처음 연산을 시작하는 학생에게는 연산의 정확성과 속도를 높이는 것이 중요하므로 수학의 개념과 원리를 바탕으로 한 충분한 훈련을 통해 연산 능력을 키워야 합니다.

만점왕 연산은 바로 이런 올바른 연산 공부를 위해 만들어진 책입니다.

만점왕 연산의

특징은 무엇인가요?

만점왕 연산은 수학 교과 내용 중 수와 연산, 규칙성 단원을 반영하여 학교 진도에 맞추어 연산 공부를 하기 좋게 만든 책입니다.

누구나 한 번쯤 해 봤을 연산 교재와는 차별화하여 매일 2쪽씩 부담없이 자기 학년 과정을 꾸준히 공부할 수 있는 교재입니다.

만점왕 연산의 특징은 학교에서 배우는 수학 공부와 병행할 수 있도록 수학의 가장 기초가 되는 연산을 부담없이 매일 학습이 가능하도록 구성하였다는 점입니다.

만점왕 연산은 총 몇 단계로 구성되어 있나요?

취학 전 예비 초등학생을 위한 **예비 2단계**와 **초등 12단계**를 합하여 총 **14단계**로 구성되어 있습니다.

한 단계는 한 학기를 기준으로 구성하였기 때문에 초등 입학 전 예비 초등 1, 2단계를 마친 다음에는 1학년부터 6학년까지 총 12학기 동안 꾸준히 학습할 수 있습니다.

단계	Pre **❶**단계	Pre **❷**단계	**❶**단계	**❷**단계	**❸**단계	**❹**단계	**❺**단계
	취학 전 (만 6세부터)	취학 전 (만 6세부터)	초등 1-1	초등 1-2	초등 2-1	초등 2-2	초등 3-1
분량	10차시	10차시	8차시	12차시	12차시	8차시	10차시

단계	**❻**단계	**❼**단계	**❽**단계	**❾**단계	**❿**단계	**⓫**단계	**⓬**단계
	초등 3-2	초등 4-1	초등 4-2	초등 5-1	초등 5-2	초등 6-1	초등 6-2
분량	10차시	10차시	10차시	10차시	10차시	10차시	10차시

5일차 학습을 하루에 다 풀어도 되나요?

연산은 한 번에 많이 푸는 것이 아니라 매일 꾸준히, 그리고 점차 난도를 높여 가며 풀어야 실력이 향상됩니다.

만점왕 연산 교재로 **월요일부터 금요일까지 하루에 2쪽씩** 학교 수학 진도와 병행하여 푸는 것이 가장 좋습니다.

만점왕 연산 **구성**

1 연산 학습목표 이해하기 → **2** 원리 깨치기 → **3** 연산력 키우기 5일 학습

3단계 학습으로 체계적인 연산 능력을 기르고 규칙적인 공부 습관을 쌓을 수 있습니다.

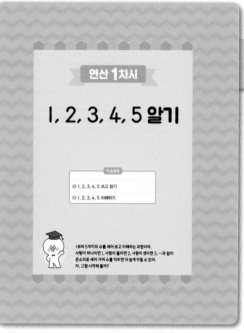

연산 1차시

1, 2, 3, 4, 5 알기

학습목표
❶ 1, 2, 3, 4, 5 쓰고 읽기
❷ 1, 2, 3, 4, 5 이해하기

1부터 5까지의 수를 세어 보고 이해하는 과정이야.
사물이 하나이면 1, 사물이 둘이면 2, 사물이 셋이면 3, …과 같이
큰소리로 세어 가며 수를 익히면 더 쉽게 익힐 수 있어.
자, 그럼 시작해 볼까?

1 연산 학습목표 이해하기

학습하기 전!
단원 도입을 보면서 흥미를 가져요.

학습목표

각 차시별 구체적인 학습 목표를 제시하
였어요. 친절한 설명글은 차시에 대한
이해를 돕고 친구들에게 학습에 대한 의
욕을 북돋워 줘요.

2 원리 깨치기

원리 깨치기만 보면
계산 원리가 보여요.

원리 깨치기

수학 교과서 내용을 바탕으로
계산 원리를 알기 쉽게 정리하
였어요. 특히 [원리 깨치기] 속
연산Key 는 핵심 계산 원리를 한
눈에 보여 주고 있어요.

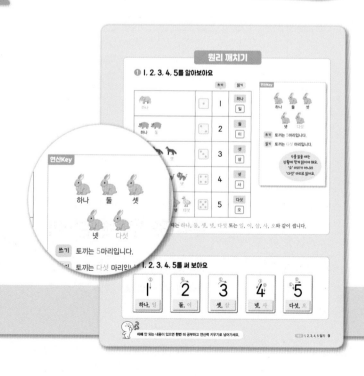

원리 깨치기

❶ 1, 2, 3, 4, 5를 알아보아요

		쓰기	읽기
		1	하나 일
		2	둘 이
		3	셋 삼
		4	넷 사
		5	다섯 오

연산Key

하나 둘 셋
넷 다섯

쓰기 토끼는 5마리입니다.
토끼는 다섯 마리입니다.

토끼는 하나, 둘, 셋, 넷, 다섯 또는 일, 이, 삼, 사, 오와 같이 셉니다.

❷ 1, 2, 3, 4, 5를 써 보아요

1	2	3	4	5
하나, 일	둘, 이	셋, 삼	넷, 사	다섯, 오

이해 안 되는 내용이 있으면 한번 더 공부하고 연산력 키우기로 넘어가세요. 연산 1, 2, 3, 4, 5 알기 **9**

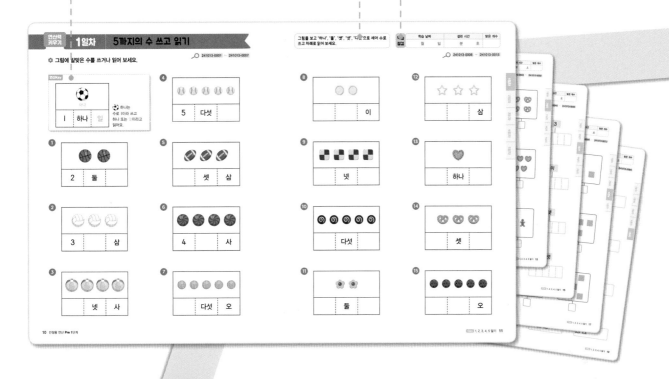

3 연산력 키우기

5일 학습

1~5일차 연산력 키우기로
연산 능력을 쑥쑥 길러요.

연산력 키우기 학습에 앞서
원리 깨치기 를 반드시 학습하여
계산 원리를 충분히 이해해요.

인공지능 DANCHOQ
푸리봇 문|제|검|색

EBS 초등사이트와 EBS 초등 APP 하단의
AI 학습도우미 푸리봇을 통해 문항코드를
검색하면 푸리봇이 해당 문제의 해설 강의를
찾아 줍니다.

문제별 문항코드 확인 ▶ 241013-0001

[241013-0001]
1. 아래 그래프를 이해한 내용으로 가장 적절한 것은?

문항코드 검색

* 효과적인 연산 학습을 위하여 차시별 대표 문항 풀이 강의를 제공합니다.
* 강의에서 다루어지지 않은 문항은 문항코드 검색 시 풀이 방법을 학습할 수 있는 대표 문항 풀이로 연결됩니다.

단계 학습 구성

차 례

1, 2, 3, 4, 5 알기

❶ 1, 2, 3, 4, 5 쓰고 읽기

❷ 1, 2, 3, 4, 5 이해하기

1부터 5까지의 수를 세어 보고 이해하는 과정이야.
사탕이 하나이면 1, 사탕이 둘이면 2, 사탕이 셋이면 3, …과 같이
큰소리로 세어 가며 수를 익히면 더 쉽게 익힐 수 있어.
자, 그럼 시작해 볼까?

원리 깨치기

① 1, 2, 3, 4, 5를 알아보아요

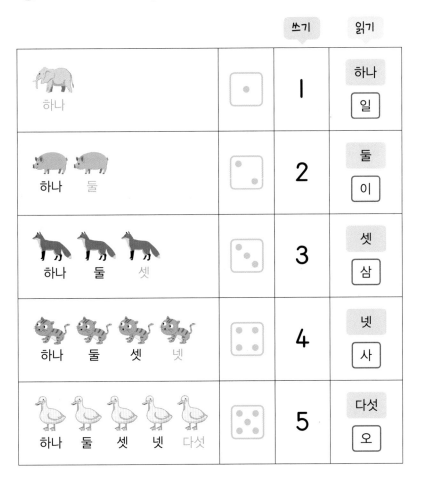

	쓰기		읽기
🐘 하나	·	I	하나 / 일
🐷🐷 하나 둘	∶	2	둘 / 이
🦊🦊🦊 하나 둘 셋	∴	3	셋 / 삼
🐱🐱🐱🐱 하나 둘 셋 넷	∷	4	넷 / 사
🦆🦆🦆🦆🦆 하나 둘 셋 넷 다섯	⁙	5	다섯 / 오

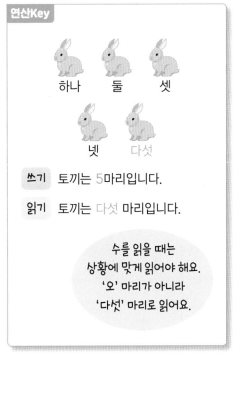

연산Key

하나 둘 셋
넷 다섯

쓰기 토끼는 5마리입니다.

읽기 토끼는 다섯 마리입니다.

> 수를 읽을 때는 상황에 맞게 읽어야 해요. '오' 마리가 아니라 '다섯' 마리로 읽어요.

➡ 물건의 수를 셀 때는 하나, 둘, 셋, 넷, 다섯 또는 일, 이, 삼, 사, 오와 같이 셉니다.

② 1, 2, 3, 4, 5를 써 보아요

하나, 일

둘, 이

셋, 삼

넷, 사

다섯, 오

✿ 그림에 알맞은 수를 쓰거나 읽어 보세요.

241013-0001 ~ 241013-0007

연산Key

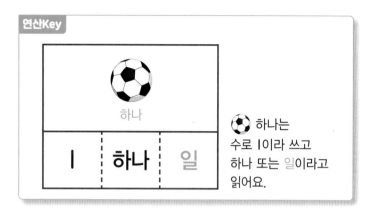

| 1 | 하나 | 일 |

⚽ 하나는
수로 1이라 쓰고
하나 또는 일이라고
읽어요.

4

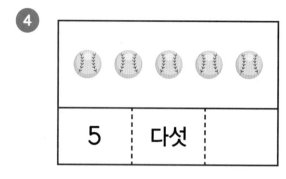

| 5 | 다섯 | |

1

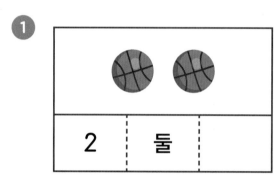

| 2 | 둘 | |

5

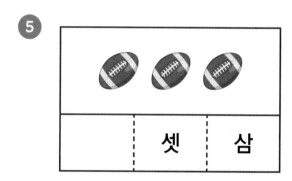

| | 셋 | 삼 |

2

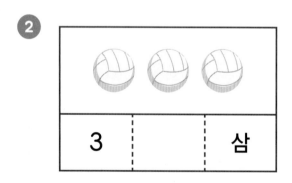

| 3 | | 삼 |

6

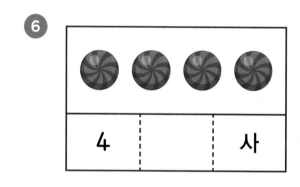

| 4 | | 사 |

3

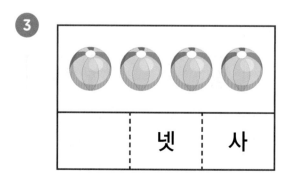

| | 넷 | 사 |

7

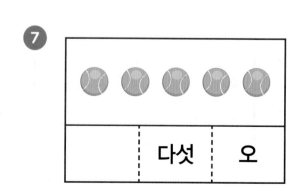

| | 다섯 | 오 |

그림을 보고 '하나', '둘', '셋', '넷', '다섯'으로 세어 수로
쓰고 차례로 읽어 보세요.

241013-0008 ~ 241013-0015

⑧
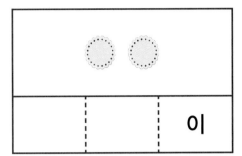

		이

⑫

		삼

⑨
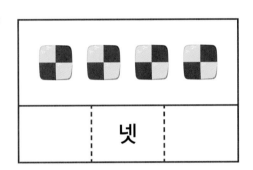

	넷	

⑬
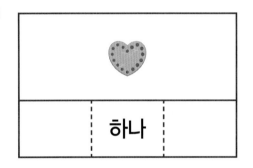

	하나	

⑩
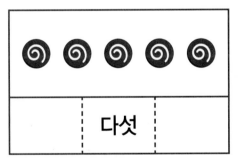

	다섯	

⑭
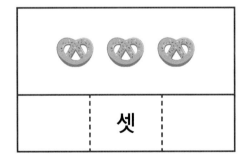

	셋	

⑪
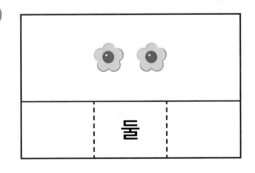

	둘	

⑮
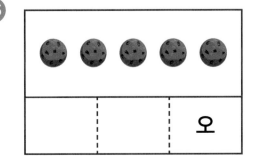

		오

✿ 세어 보고 ☐ 안에 알맞은 수를 써넣으세요.

연산Key

하나 둘

2

마지막에 센 수가 둘이므로
수로 쓰면 2예요.

③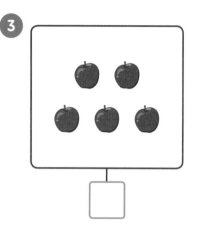

⑥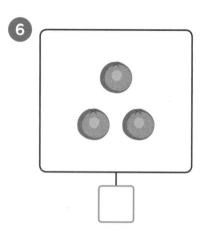

①

④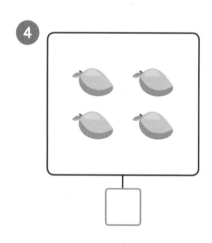

⑦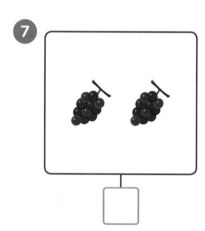

②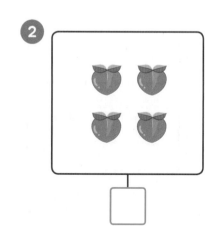

⑤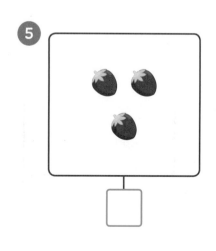

⑧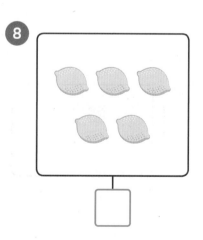

학습 점검	학습 날짜		걸린 시간		맞은 개수
	월	일	분	초	

241013-0024 ～ 241013-0032

1일차
2일차
3일차
4일차
5일차

9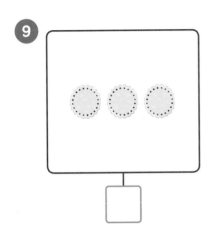

12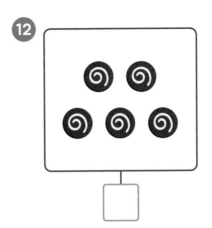

15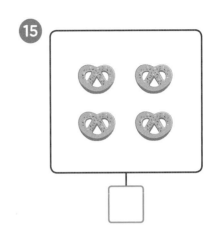

10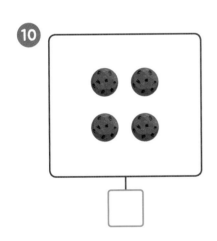

13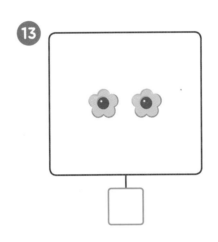

16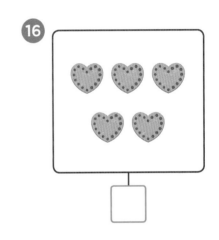

11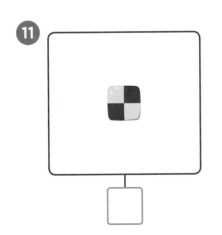

14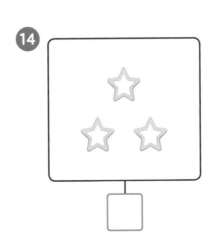

17

🌸 수만큼 색칠해 보세요.

241013-0033 ~ 241013-0043

연산Key

셋

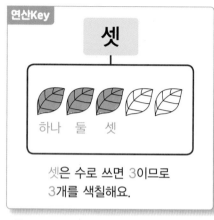

하나 둘 셋

셋은 수로 쓰면 3이므로
3개를 색칠해요.

④ **4**

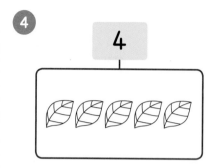

⑧ **하나**

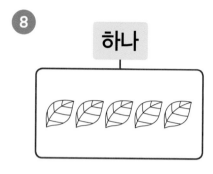

① **2**

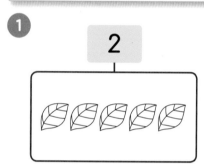

⑤ **다섯**

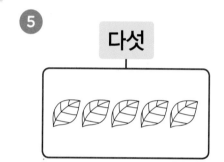

⑨ **3**

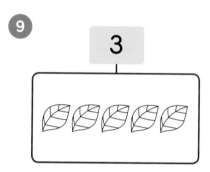

② **오**

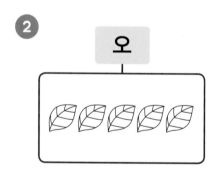

⑥ **l**

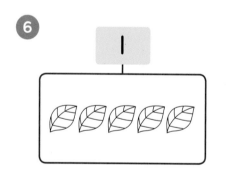

⑩ **5**

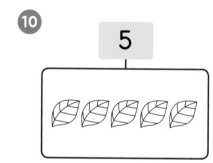

③ **삼**

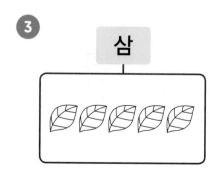

⑦ **넷**

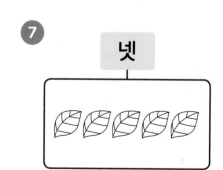

⑪ **이**

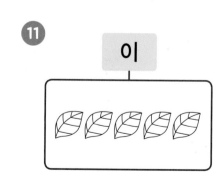

주어진 수만큼 수를 세어 가면서 색칠하면 쉬워요.

241013-0044 ~ 241013-0055

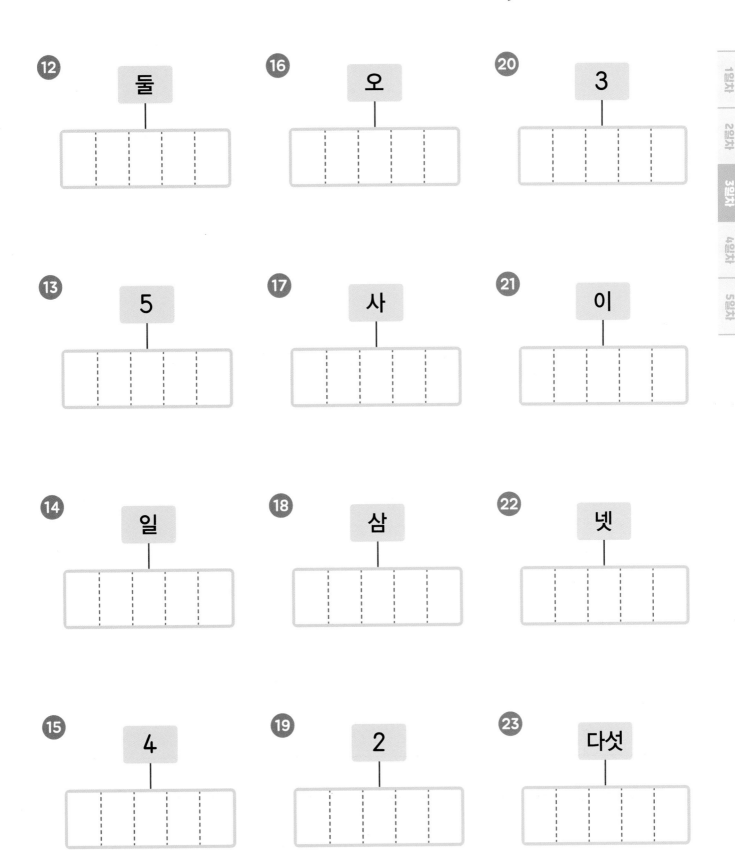

❋ 세어 보고 ☐ 안에 알맞은 수를 써넣으세요.

241013-0056 ~ 241013-0063

연산Key

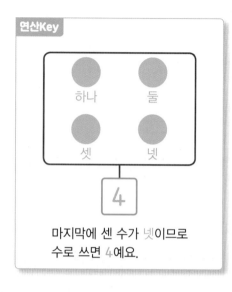

하나   둘
셋   넷

4

마지막에 센 수가 넷이므로
수로 쓰면 4예요.

3
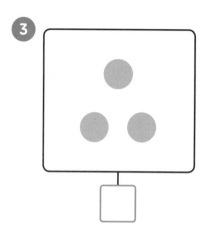

6
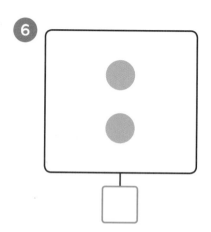

1
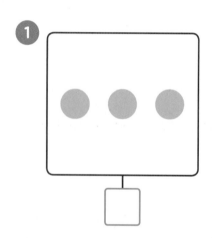

4
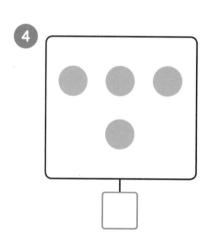

7
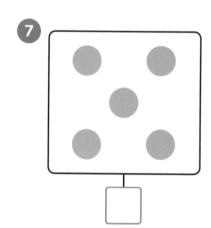

2
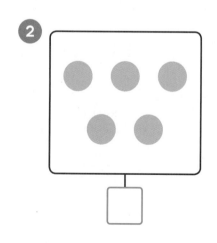

5
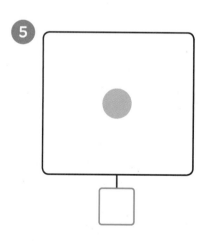

8
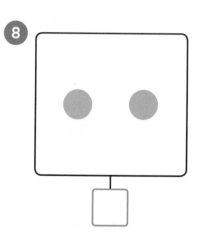

모양 아래 1, 2, 3, 4, 5와 같이 수를 쓰면서 세어도 좋아요.

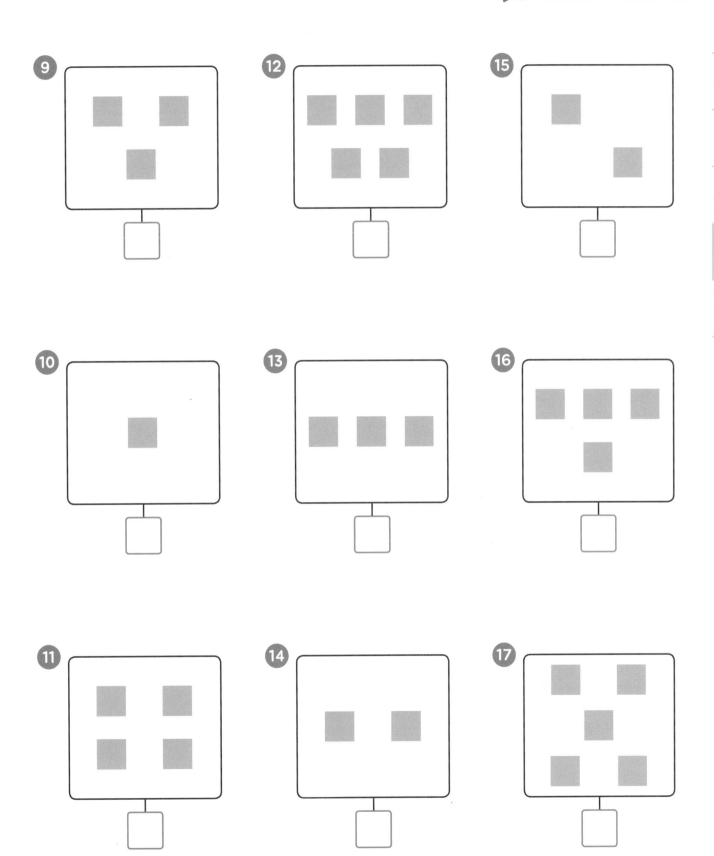

🔍 241013-0073 ~ 241013-0083

❋ **수만큼 되도록 ○를 더 그려 보세요.**

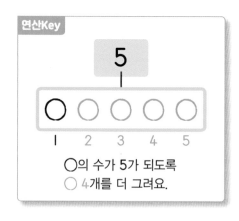

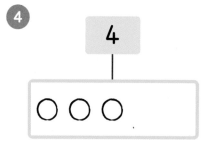

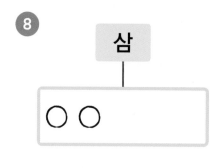

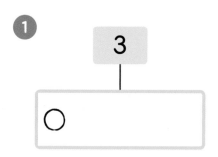

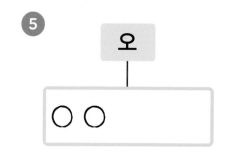

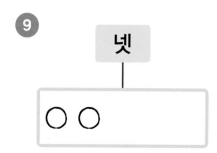

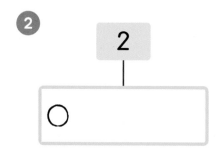

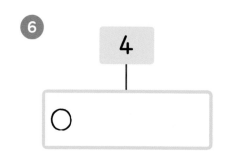

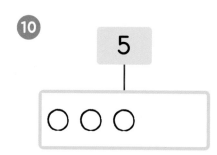

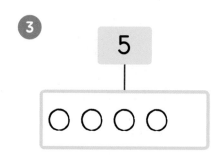

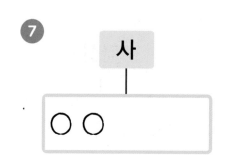

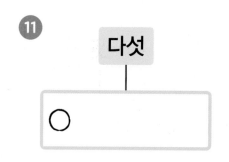

주어진 수가 되도록 필요한 수만큼 더 그려 보세요.

학습 점검	학습 날짜		걸린 시간		맞은 개수
	월	일	분	초	

241013-0084 ~ 241013-0095

✽ 수만큼 되도록 △를 더 그려 보세요.

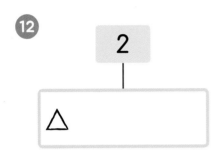

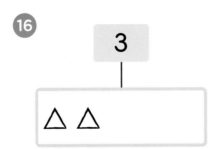

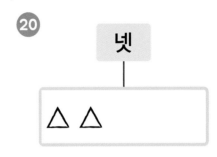

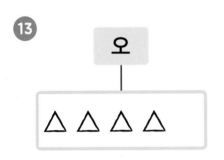

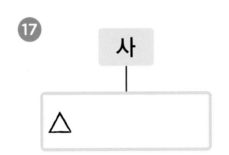

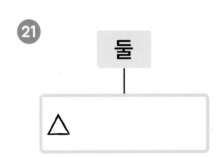

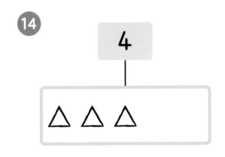

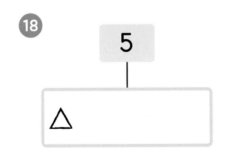

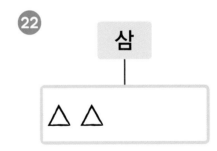

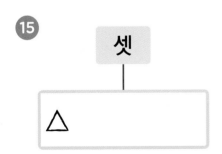

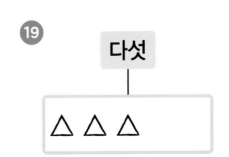

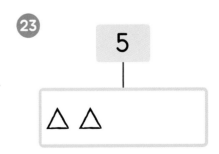

6, 7, 8, 9, 10 알기

학습목표

❶ 6, 7, 8, 9, 10 쓰고 읽기

❷ 6, 7, 8, 9, 10 이해하기

6부터 10까지의 수를 세어 보고 이해하는 과정이야.
사탕의 수를 셀 때 마지막에 센 수가 '여섯'이면 사탕의 수는 6개라고 하면 돼.
자, 그럼 시작해 볼까?

❶ 6, 7, 8, 9, 10을 알아보아요

쓰기　읽기

🚢하나　🚢둘　🚢셋　🚢넷　🚢다섯 🚢여섯	⚫⚫⚫⚫⚫ ⚫	6	여섯 육
🚌하나　🚌둘　🚌셋　🚌넷　🚌다섯 🚌여섯　🚌일곱	⚫⚫⚫⚫⚫ ⚫⚫	7	일곱 칠
🚛하나　🚛둘　🚛셋　🚛넷　🚛다섯 🚛여섯　🚛일곱　🚛여덟	⚫⚫⚫⚫⚫ ⚫⚫⚫	8	여덟 팔
🚗하나　🚗둘　🚗셋　🚗넷　🚗다섯 🚗여섯　🚗일곱　🚗여덟　🚗아홉	⚫⚫⚫⚫⚫ ⚫⚫⚫⚫	9	아홉 구
🚲하나　🚲둘　🚲셋　🚲넷　🚲다섯 🚲여섯　🚲일곱　🚲여덟　🚲아홉　🚲열	⚫⚫⚫⚫⚫ ⚫⚫⚫⚫⚫	10	열 십

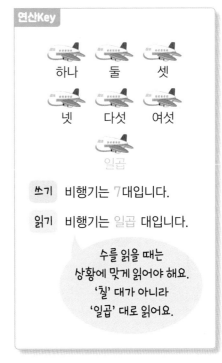

연산Key

✈하나　✈둘　✈셋
✈넷　✈다섯　✈여섯
✈일곱

쓰기　비행기는 7대입니다.

읽기　비행기는 일곱 대입니다.

수를 읽을 때는 상황에 맞게 읽어야 해요. '칠' 대가 아니라 '일곱' 대로 읽어요.

➡ 물건의 수를 셀 때는 하나, 둘, 셋, 넷, 다섯, 여섯, 일곱, 여덟, 아홉, 열 또는
일, 이, 삼, 사, 오, 육, 칠, 팔, 구, 십과 같이 셉니다.

❷ 6, 7, 8, 9, 10을 써 보아요

6	7	8	9	10
여섯, 육	일곱, 칠	여덟, 팔	아홉, 구	열, 십

❋ 그림에 알맞은 수를 쓰거나 읽어 보세요.

241013-0096 ~ 241013-0102

연산Key

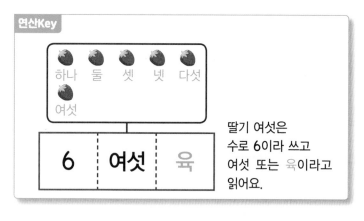

하나 둘 셋 넷 다섯
여섯

| 6 | 여섯 | 육 |

딸기 여섯은
수로 6이라 쓰고
여섯 또는 육이라고
읽어요.

④
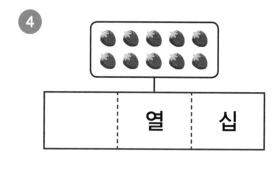

| | 열 | 십 |

①
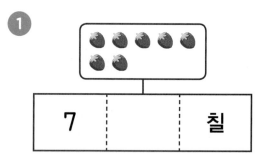

| 7 | | 칠 |

⑤
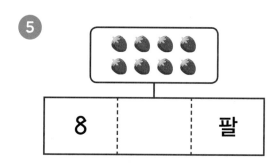

| 8 | | 팔 |

②
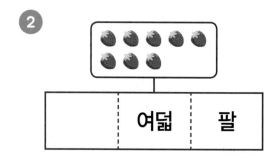

| | 여덟 | 팔 |

⑥
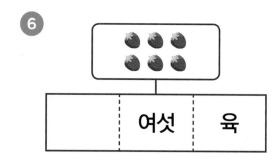

| | 여섯 | 육 |

③
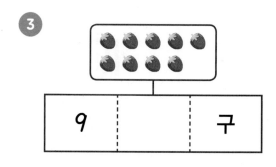

| 9 | | 구 |

⑦
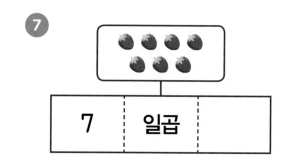

| 7 | 일곱 | |

그림을 보고 '하나', '둘', '셋', …으로 세어 수로 쓰고 읽어 보세요.

241013-0103 ~ 241013-0110

8
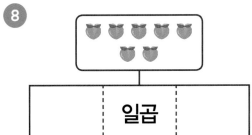
일곱

12
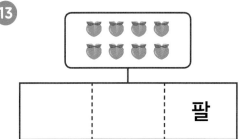
9

9
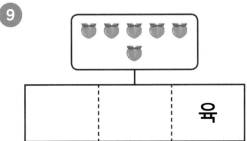
육

13

팔

10
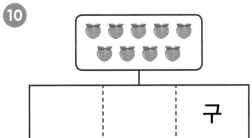
구

14
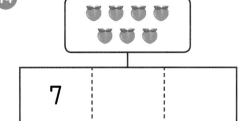
7

11
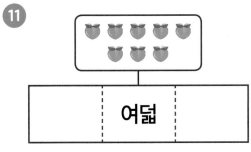
여덟

15
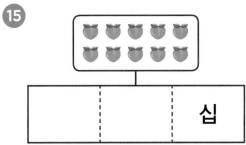
십

✿ 세어 보고 ☐ 안에 알맞은 수를 써넣으세요.

241013-0111 ~ 241013-0118

연산Key

하나　둘　셋
넷　다섯　여섯

6

마지막에 센 수가 여섯이므로
수로 쓰면 6이에요.

3

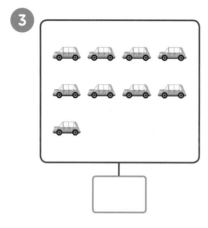

6

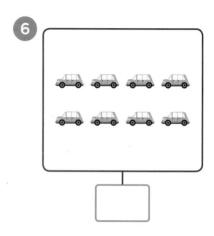

1

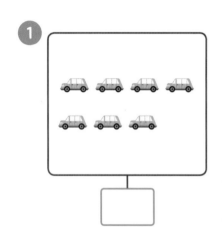

4

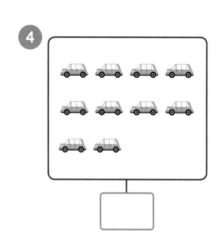

7

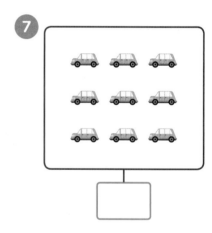

2

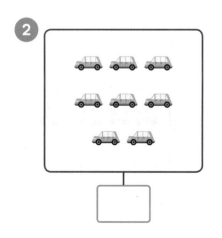

5

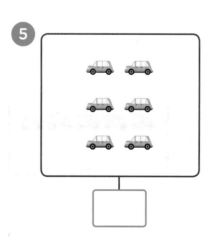

8

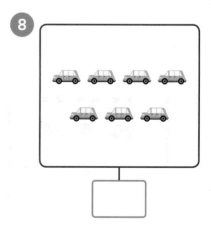

마지막에 센 수를 써 보세요.

241013-0119 ~ 241013-0127

⑨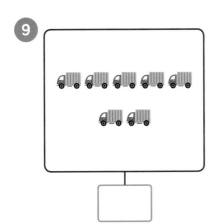

⑫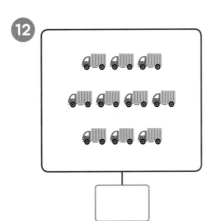

⑮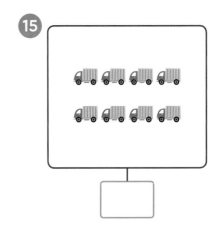

⑩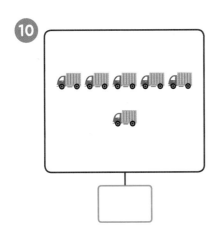

⑬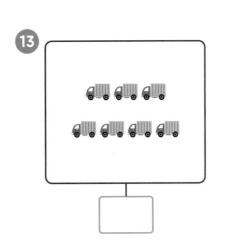

⑯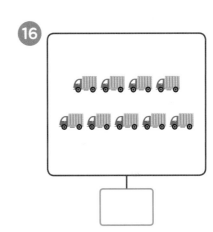

⑪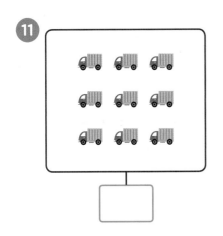

⑭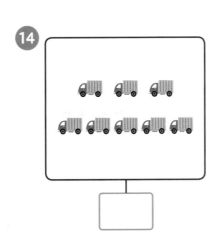

⑰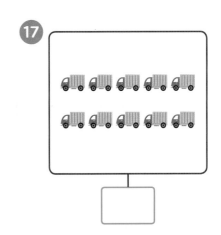

241013-0128 ~ 241013-0135

❋ 수만큼 ♥을 묶어 보세요.

연산Key

7

하나 둘 셋 넷 다섯
여섯 일곱

하나부터 일곱까지 세면서
마지막으로 센 것까지 묶어요.

③
10

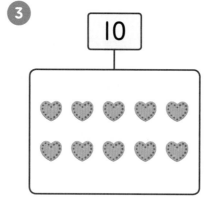

⑥
육

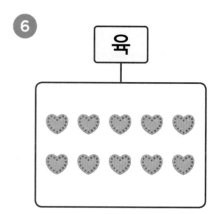

①
6

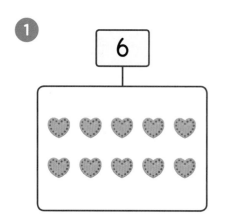

④
일곱

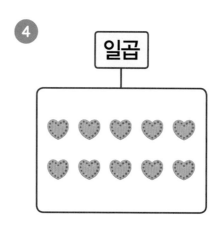

⑦
팔

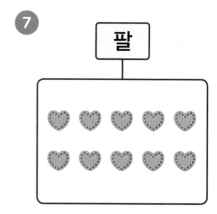

②
8

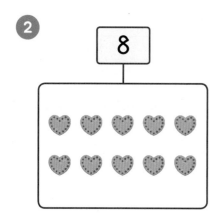

⑤
9

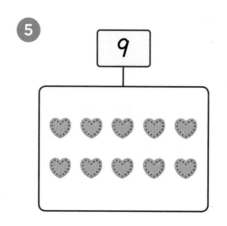

⑧
열

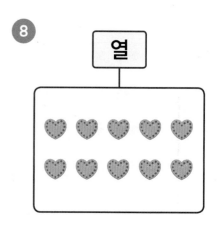

241013-0136 ~ 241013-0144

✿ 수만큼 ☆을 묶어 보세요.

9 9
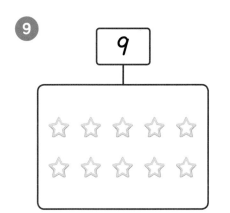

12 8
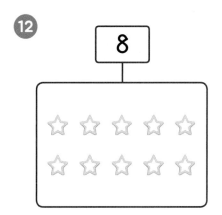

15 아홉

10 여섯

13 십
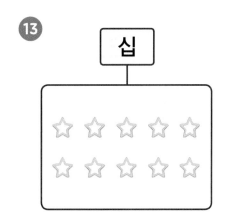

16 칠
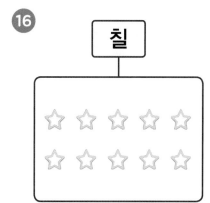

11 7
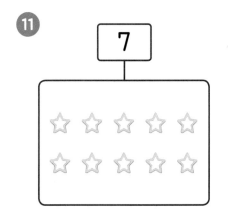

14 6
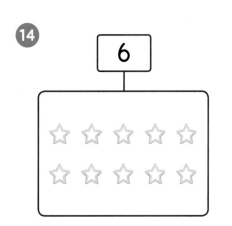

17 여덟
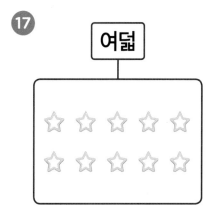

241013-0145 ~ 241013-0152

✿ 세어 보고 ☐ 안에 알맞은 수를 써넣으세요.

연산Key

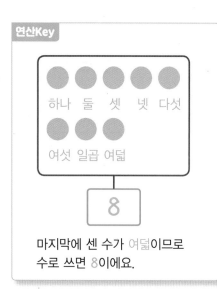

하나 둘 셋 넷 다섯

여섯 일곱 여덟

8

마지막에 센 수가 여덟이므로
수로 쓰면 8이에요.

❸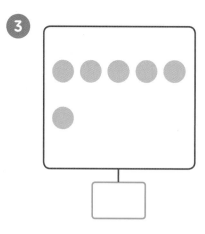

❻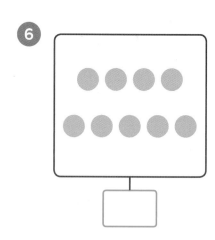

❶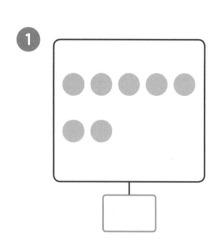

❹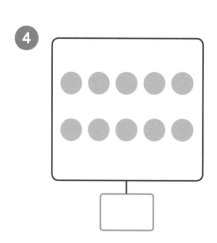

❼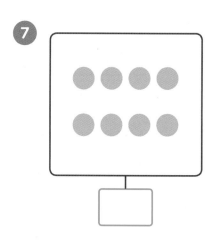

❷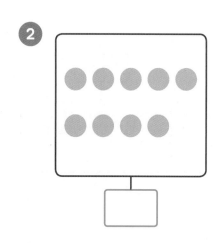

❺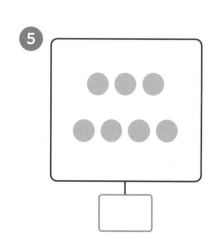

❽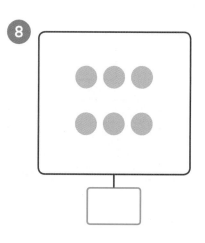

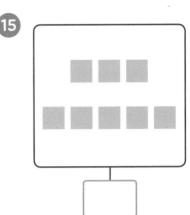
9

12

15

10

13

16

11

14

17

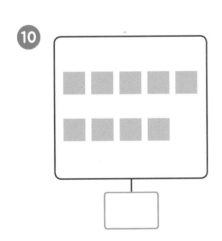
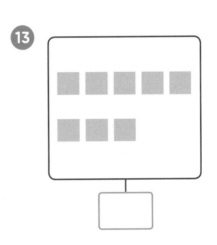
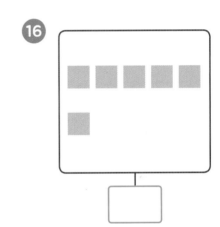
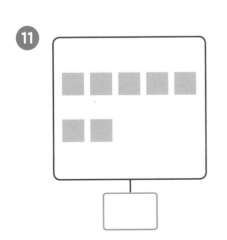
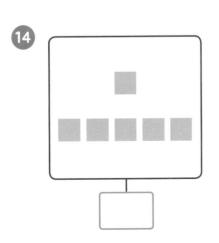
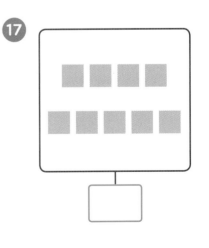

241013-0162 ~ 241013-0172

✿ **수만큼 ○를 더 그려 보세요.**

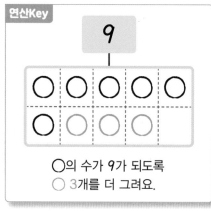

연산Key

9

○의 수가 9가 되도록
○ 3개를 더 그려요.

❹
8

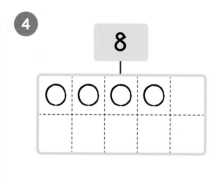

❽
육

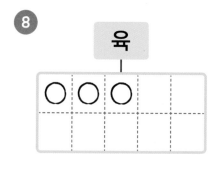

❶
6

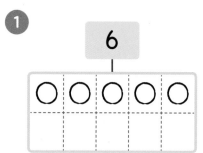

❺
10

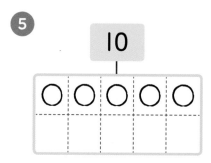

❾
7

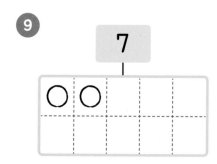

❷
8

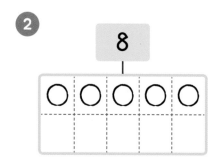

❻
칠

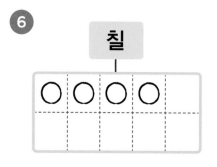

❿
구

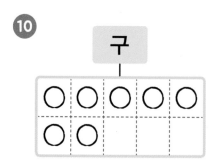

❸
7

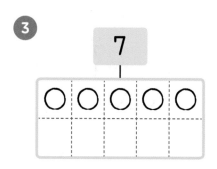

❼
9

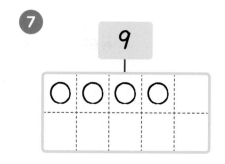

⓫
십

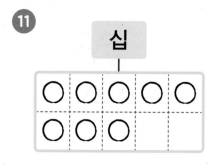

주어진 수가 되도록 필요한 수만큼 더 그려 보세요.

241013-0173 ~ 241013-0184

❀ 수만큼 △를 더 그려 보세요.

⑫ 7
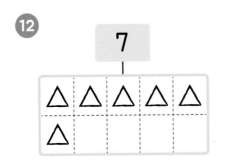

⑯ 8
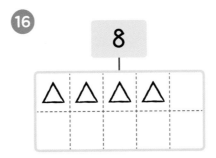

⑳ 열
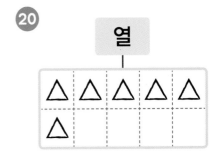

⑬ 팔
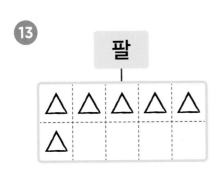

⑰ 아홉
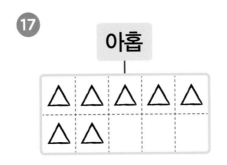

㉑ 6
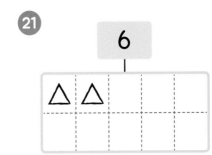

⑭ 9
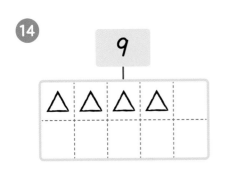

⑱ 10
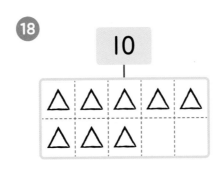

㉒ 여덟

⑮ 여섯
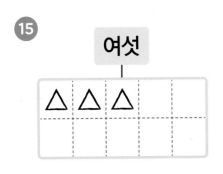

⑲ 일곱

㉓ 9
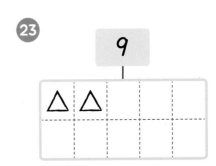

10까지의 수의 순서

학습목표

❶ 1~10까지의 수를 순서대로 익히기

❷ 1~10까지의 수의 순서를 거꾸로 하여 익히기

수를 제대로 셀 수 있으려면 수의 순서를 정확히 알아야겠지?
처음에는 1부터 10까지의 수를 순서대로 쓰는 것부터 시작해서
익숙해지면 거꾸로 하여 수를 쓰는 연습을 하면 돼.
자, 그럼 수의 순서를 알아보자.

❶ 1~10까지의 수를 순서대로 알아보아요

•	••	•••	••••	•••••	••••• •	••••• ••	••••• •••	••••• ••••	••••• •••••
1	2	3	4	5	6	7	8	9	10
일	이	삼	사	오	육	칠	팔	구	십

➡ 수를 순서대로 쓰면 1, 2, 3, 4, 5, 6, 7, 8, 9, 10입니다.

➡ 수를 순서대로 쓰면 5 다음에는 6, 7 다음에는 8, 9가 와요.

❷ 1~10까지의 수의 순서를 거꾸로 하여 알아보아요

••••• •••••	••••• ••••	••••• •••	••••• ••	••••• •	•••••	••••	•••	••	•
10	9	8	7	6	5	4	3	2	1
십	구	팔	칠	육	오	사	삼	이	일

➡ 순서를 거꾸로 하여 수를 쓰면 10, 9, 8, 7, 6, 5, 4, 3, 2, 1입니다.

10	9	8	7	6	5	4	3	2	1

➡ 수의 순서를 거꾸로 하여 쓰면 9 다음에 8, 5 다음에 4, 3이에요.

✿ **수를 순서대로 쓰려고 합니다. 빈 곳에 알맞은 수를 써넣으세요.**

241013-0185 ~ 241013-0193

연산Key

수를 순서대로 쓰면
3 다음에는 4, 4 다음에는 5가 와요.

① 1 | | | 4 | 5

② 2 | 3 | | | 6

③ 3 | 4 | 5 | |

④ 3 | | | 6 | 7

⑤ 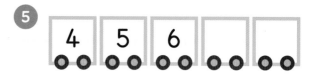 4 | 5 | 6 | |

⑥  4 | | | 7 | 8

⑦  5 | 6 | | | 9

⑧ 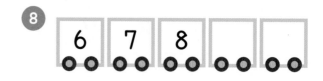 6 | 7 | 8 | |

⑨  6 | 7 | | | 10

수를 중간부터 세기 힘들면 l부터 순서대로 세어 보세요.

241013-0194 ~ 241013-0203

10

11

12

13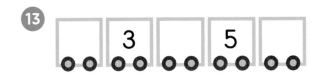

14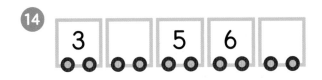

15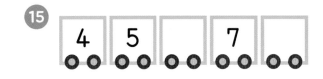

16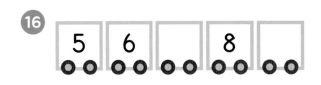

17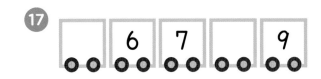

18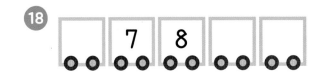

19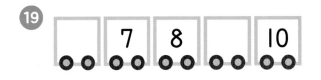

✿ 수를 순서대로 쓰려고 합니다. 빈칸에 알맞은 수를 써넣으세요.

241013-0204 ~ 241013-0208

연산Key

1	2	3	4	5	6	7	8	9	10

수를 순서대로 쓰면 3 다음에는 4, 5가 오고, 7 다음에는 8, 9, 10이 와요.

1

1	2	3	4	5					

2

1					6	7	8	9	10

3

1	2			5	6				10

4

1			4			7			10

5

		3	4	5			8		

큰소리로 수를 순서대로 세어 가면서 써 보세요.

학습 날짜		걸린 시간		맞은 개수
월	일	분	초	

241013-0209 ~ 241013-0214

6

| 1 | | 3 | | 5 | | 7 | | 9 | |

7

| | 2 | | 4 | | 6 | | 8 | | 10 |

8

| | 2 | | | 5 | 6 | | 8 | | 10 |

9

| 1 | | 3 | | | 6 | 7 | | | 10 |

10

| | | | 4 | | | 7 | 8 | 9 | |

11

| 1 | 2 | 3 | | | | | | | |

241013-0215 ~ 241013-0221

✿ 수를 순서대로 쓰려고 합니다. 빈칸에 알맞은 수를 써넣으세요.

연산Key

1	2	3	4	5
6	7	8	9	10

2 앞의 수는 1, 2 뒤의 수는 3,
6 뒤의 수는 7, 8 뒤의 수는 9예요.

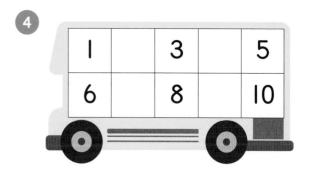

④

1		3		5
6		8		10

①

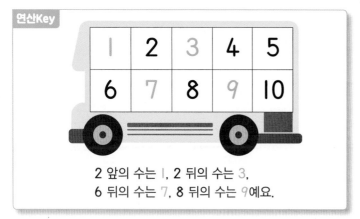

1		3		5
6			9	10

⑤

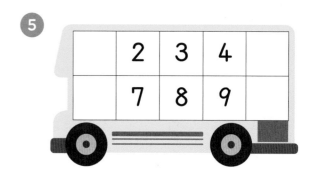

	2	3	4	
	7	8	9	

②

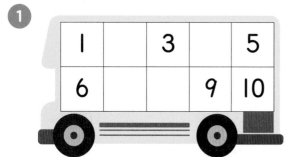

1	2		4	
6		8	9	

⑥

1			4	5
6	7			10

③

	2	3		5
6		8		10

⑦

1	2		4	
		8	9	10

큰소리로 수를 순서대로 세어 가면서 써 보세요.

241013-0222 ~ 241013-0229

⑧
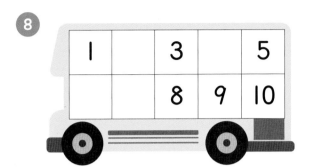

1		3		5
		8	9	10

⑫
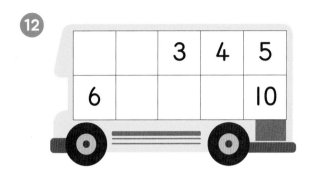

		3	4	5
6				10

⑨
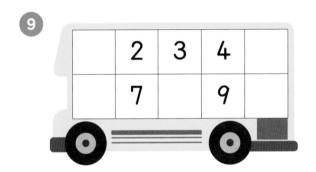

	2	3	4	
	7		9	

⑬
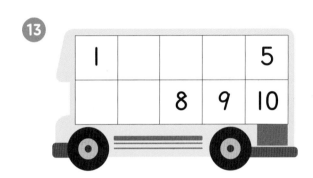

1				5
		8	9	10

⑩
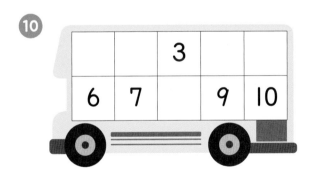

		3		
6	7		9	10

⑭
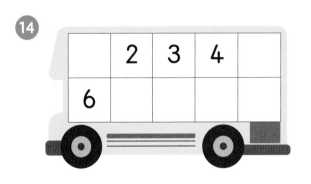

	2	3	4	
6				

⑪
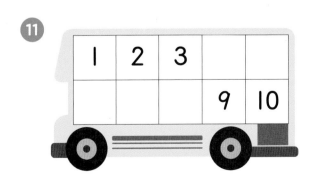

1	2	3		
			9	10

⑮
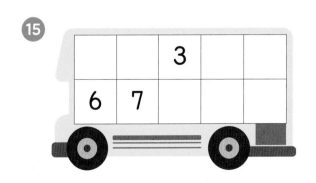

		3		
6	7			

✿ 수의 순서를 거꾸로 하여 쓰려고 합니다. 빈칸에 알맞은 수를 써넣으세요.

연산Key

10	9	8	7	6	5	4	3	2	1

수의 순서를 거꾸로 하여 수를 쓰면 8 다음에 7, 6 다음에 5, 4 다음에 3이에요.

1

10	9	8	7	6					

2

10	9	8	7						1

3

10	9	8						2	1

4

10	9						3	2	1

5

10						4	3	2	1

6

10		8		6		4		2	

7

	9		7		5		3		1

8

10		8	7		5		3		

9

		8		6		4		2	1

10

	9		7		5	4	3		

11

	9	8			5				

연산력 키우기 **5일차**

10까지의 수의 순서

241013-0241 ~ 241013-0244

수를 순서대로 쓰려고 합니다. 빈 곳에 알맞은 수를 써넣으세요.

연산Key

1 - 2 - 3 - 4 - 5 - 6 - 7 - 8 - 9 - 10

1. 1 - ( ) - 3 - ( ) - 5 - 6 - ( ) - 8 - ( ) - 10

2. 1 - ( ) - ( ) - 4 - ( ) - ( ) - 7 - ( ) - 9 - ( )

3. ( ) - 2 - ( ) - ( ) - 5 - ( ) - ( ) - 8 - ( ) - ( )

4. ( ) - ( ) - 3 - ( ) - 5 - ( ) - 7 - ( ) - ( ) - ( )

241013-0245 ~ 241013-0249

✿ 수의 순서를 거꾸로 하여 쓰려고 합니다.
빈 곳에 알맞은 수를 써넣으세요.

⑤ 10 9 8 7 6

⑥ 10 8 6 3 1

⑦ 9 7 5 4 2

⑧ 10 6 4 3 1

⑨ 8 7 2 1

10까지의 수의 크기 비교

학습목표

❶ 1만큼 더 큰 수, 1만큼 더 작은 수를 이해하고
   1~10까지의 수의 크기 비교하기

❷ 더 큰 수, 더 작은 수를 이해하고 1~10까지의
   수의 크기 비교하기

수를 순서대로 세는 연습을 자주 하면 수의 크기를 비교하는 데 도움이 돼.
앞의 수보다 뒤의 수가 더 큰 수라는 것을 기억하고 있으면 되거든.
자, 그럼 수의 크기를 비교해 보자.

① I만큼 더 큰 수와 I만큼 더 작은 수를 알아보아요

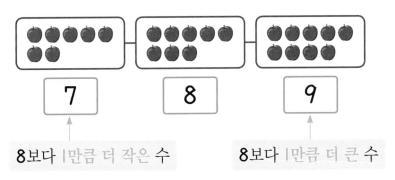

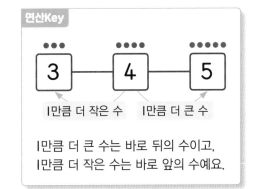

연산Key

I만큼 더 작은 수 ← 3 — 4 → I만큼 더 큰 수

I만큼 더 큰 수는 바로 뒤의 수이고,
I만큼 더 작은 수는 바로 앞의 수예요.

7

8보다 I만큼 더 작은 수

9

8보다 I만큼 더 큰 수

• I만큼 더 큰 수는 그 수의 바로 뒤의 수입니다.
• I만큼 더 작은 수는 그 수의 바로 앞의 수입니다.

② I0까지의 수의 크기를 비교해 보아요

3은 7보다 더 작아요.

7은 3보다 더 커요.

• 수직선에서 오른쪽에 있는 수는 왼쪽에 있는 수보다 더 큽니다.
• 수직선에서 왼쪽에 있는 수는 오른쪽에 있는 수보다 더 작습니다.

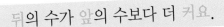

뒤의 수가 앞의 수보다 더 커요.

앞의 수가 뒤의 수보다 더 작아요.

아무것도 없는 것을 '0'이라 쓰고 '영'이라고 읽어요.

• 수를 순서대로 썼을 때 뒤의 수가 앞의 수보다 더 큰 수입니다.
• 수를 순서대로 썼을 때 앞의 수가 뒤의 수보다 더 작은 수입니다.

✿ 왼쪽 수보다 1만큼 더 큰 수를 써 보세요.

241013-0250 ～ 241013-0256

연산Key

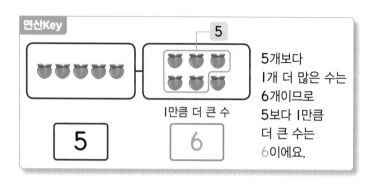

5개보다
1개 더 많은 수는
6개이므로
5보다 1만큼
더 큰 수는
6이에요.

1만큼 더 큰 수

5　6

④

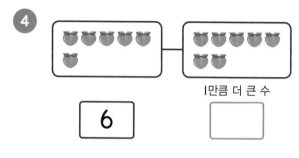

1만큼 더 큰 수

6　☐

①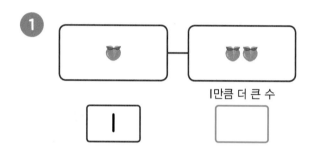

1만큼 더 큰 수

1　☐

⑤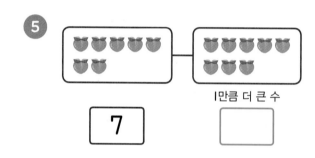

1만큼 더 큰 수

7　☐

②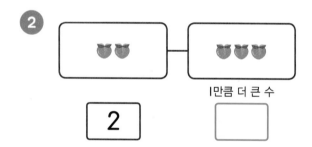

1만큼 더 큰 수

2　☐

⑥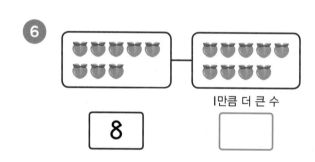

1만큼 더 큰 수

8　☐

③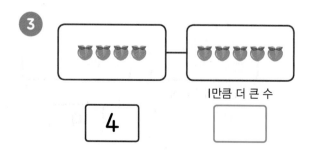

1만큼 더 큰 수

4　☐

⑦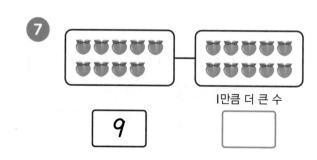

1만큼 더 큰 수

9　☐

학습 점검	학습 날짜	걸린 시간	맞은 개수
	월 일	분 초	

1개 더 많은 수가 1만큼 더 큰 수,
1개 더 적은 수가 1만큼 더 작은 수예요.

 241013-0257 ~ 241013-0264

✿ 오른쪽 수보다 1만큼 더 작은 수를 써 보세요.

⑧
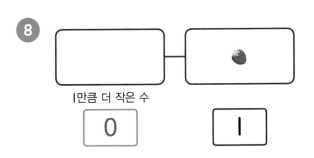
1만큼 더 작은 수

0	1

⑫
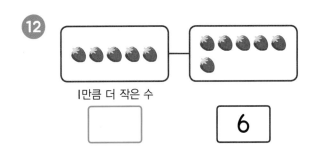
1만큼 더 작은 수

	6

⑨
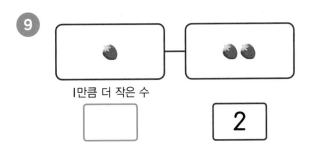
1만큼 더 작은 수

	2

⑬
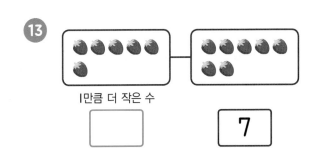
1만큼 더 작은 수

	7

⑩
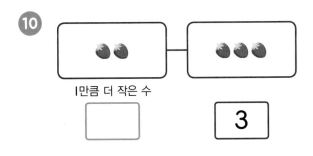
1만큼 더 작은 수

	3

⑭
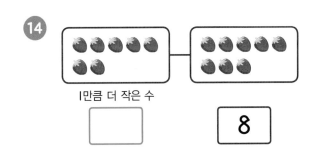
1만큼 더 작은 수

	8

⑪
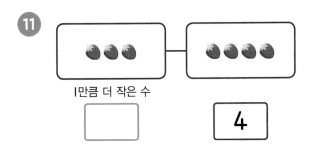
1만큼 더 작은 수

	4

⑮
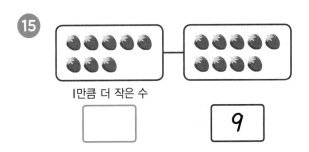
1만큼 더 작은 수

	9

241013-0265 ～ 241013-0273

✿ 1만큼 더 작은 수와 1만큼 더 큰 수를 써 보세요.

연산Key

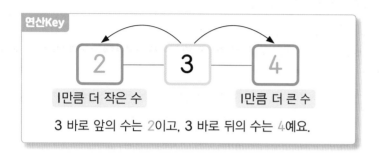

1만큼 더 작은 수　　1만큼 더 큰 수

3 바로 앞의 수는 2이고, 3 바로 뒤의 수는 4예요.

5

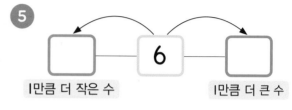

1만큼 더 작은 수　　1만큼 더 큰 수

1

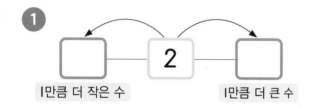

1만큼 더 작은 수　　1만큼 더 큰 수

6

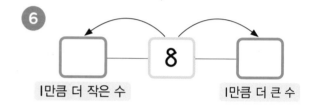

1만큼 더 작은 수　　1만큼 더 큰 수

2

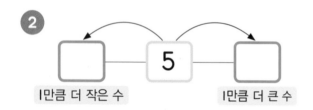

1만큼 더 작은 수　　1만큼 더 큰 수

7

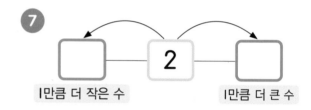

1만큼 더 작은 수　　1만큼 더 큰 수

3

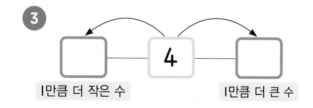

1만큼 더 작은 수　　1만큼 더 큰 수

8

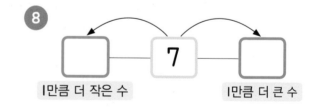

1만큼 더 작은 수　　1만큼 더 큰 수

4

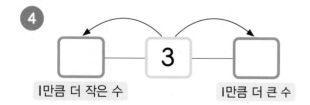

1만큼 더 작은 수　　1만큼 더 큰 수

9

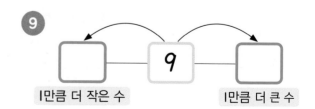

1만큼 더 작은 수　　1만큼 더 큰 수

⑩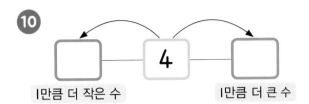

⑪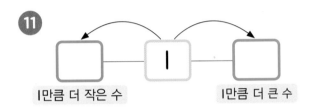

⑫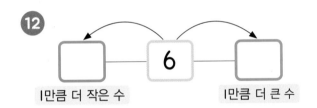

⑬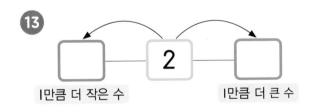

⑭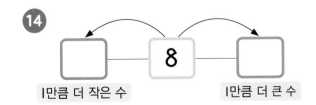

⑮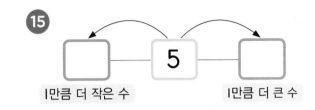

⑯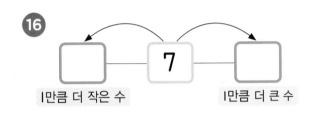

⑰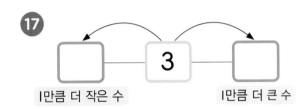

⑱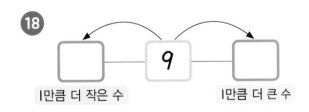

⑲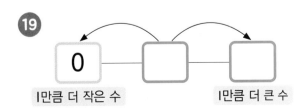

✿ **더 큰 수에 ○표 하세요.**

241013-0284 ~ 241013-0294

4개는 2개보다 많으므로
4는 2보다 더 큰 수예요.

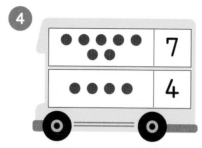

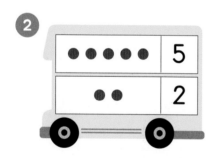

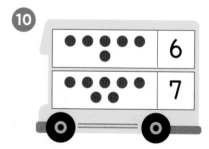

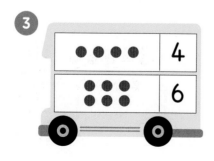

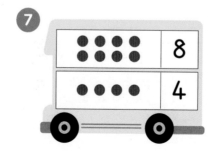

학습 점검	학습 날짜		걸린 시간		맞은 개수
	월	일	분	초	

241013-0295 ~ 241013-0306

✿ 더 작은 수에 △표 하세요.

⑫
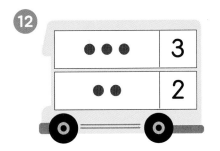

⑯
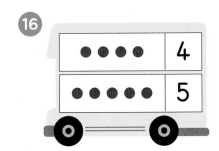

⑳
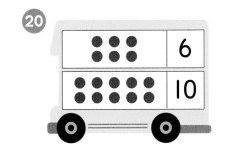

⑬
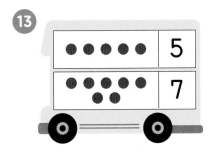

⑰

㉑
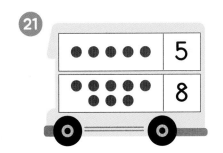

⑭
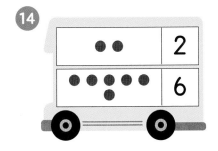

⑱
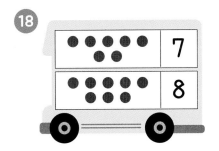

㉒
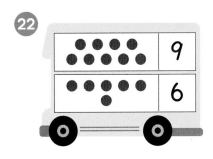

⑮
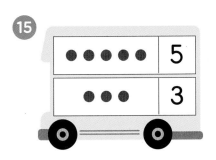

⑲

㉓
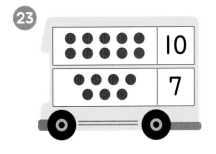

241013-0307 ～ 241013-0320

✿ **더 큰 수에 색칠해 보세요.**

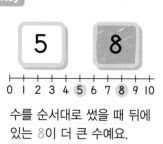

연산Key

5   8

0 1 2 3 4 5 6 7 8 9 10

수를 순서대로 썼을 때 뒤에
있는 8이 더 큰 수예요.

1   2   4

2 3   2

3 7   4

4 5   6

5 7   3

6 3   5

7 10   7

8 3   6

9 8   6

10 6   10

11 7   8

12 4   9

13 9   8

14 5   10

수를 순서대로 썼을 때 앞에 있는 수가 더 작은 수예요.

🔍 241013-0321 ~ 241013-0335

✿ 더 작은 수에 색칠해 보세요.

⑮
1   3

⑯
2   7

⑰
4   1

⑱
6   7

⑲
9   5

⑳
3   9

㉑
4   8

㉒
10   2

㉓
8   3

㉔
6   9

㉕
7   5

㉖
9   10

㉗
6   4

㉘
7   9

㉙
10   8

🌸 더 큰 수 쪽으로 내려가요. 더 큰 수에 ○표 하세요.

241013-0336 ~ 241013-0346

연산Key

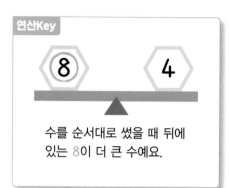

수를 순서대로 썼을 때 뒤에 있는 8이 더 큰 수예요.

4

8

1
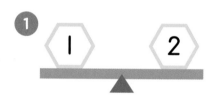

5

9

2

6

10

3

7

수를 순서대로 썼을 때 앞에 있는 수가 더 작은 수예요.

✿ 더 작은 수 쪽으로 올라가요. 더 작은 수에 △표 하세요.

241013-0347 ~ 241013-0358

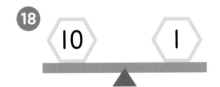

2~5까지의 수 모으기와 가르기

학습목표

1 2~5까지의 수로 모으기

2 2~5까지의 수를 가르기

3 2~5까지의 수를 여러 가지 방법으로 모으기
와 가르기

두 수를 하나의 수로 모으거나 하나의 수를 다른 두 수로 가르는 것은
덧셈과 뺄셈의 기초가 되는 매우 중요한 학습이야.
자, 그럼 2부터 5까지의 수의 모으기와 가르기를 해 보자.

❶ 2~5까지의 수로 모아 보아요

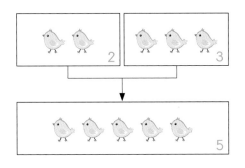

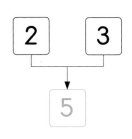

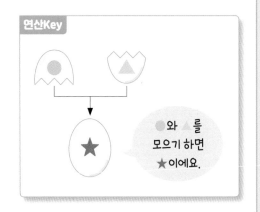

●와 ▲를 모으기 하면 ★이에요.

병아리 2마리와 병아리 3마리를 모으기 하면 병아리는 모두 5마리입니다.

2와 3을 모으기 하면 5입니다.

❷ 2~5까지의 수를 가르기 해 보아요

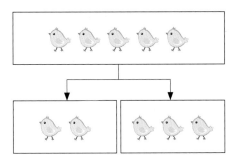

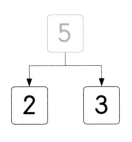

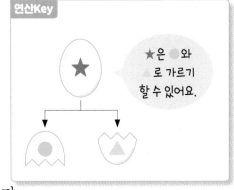

★은 ●와 ▲로 가르기 할 수 있어요.

병아리 5마리는 병아리 2마리와 병아리 3마리로 가르기 할 수 있습니다.

5는 2와 3으로 가르기 할 수 있습니다.

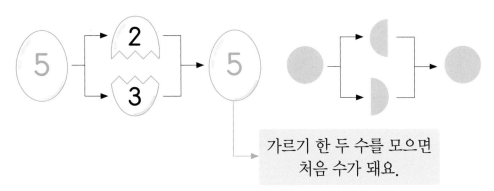

가르기 한 두 수를 모으면 처음 수가 돼요.

- 3, 4, 5는 여러 가지 방법으로 가르기 할 수 있습니다.
- 3, 4, 5를 가르기 한 두 수를 모으기 하면 처음 수가 됩니다.

241013-0359 ~ 241013-0365

✿ 수 모으기를 해 보세요.

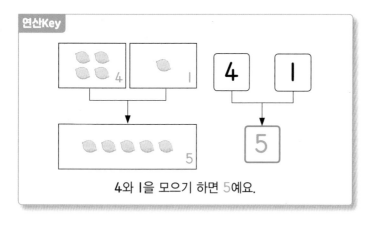

4와 1을 모으기 하면 5예요.

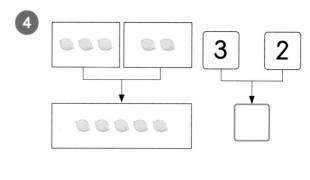

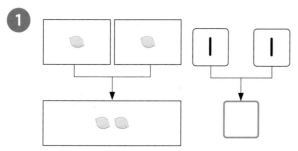

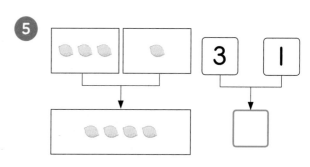

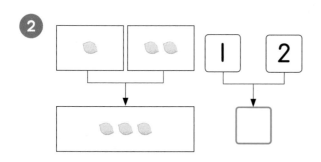

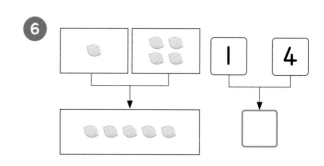

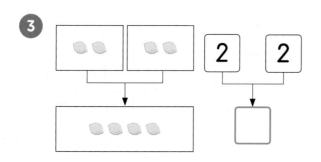

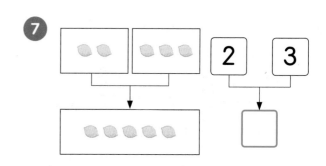

그림을 보고 두 수를 모으기 한 수를 써 보세요.

241013-0366 ~ 241013-0373

8
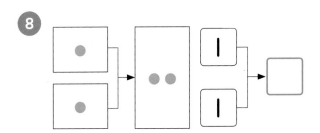

12
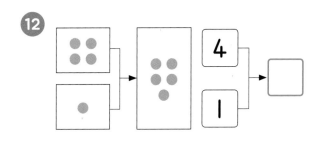

9
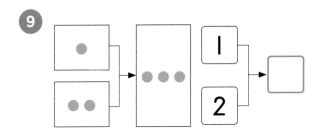

13
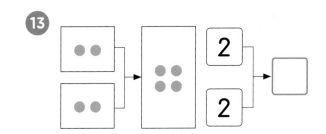

10
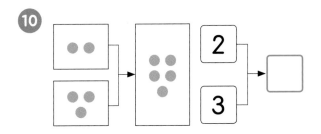

14
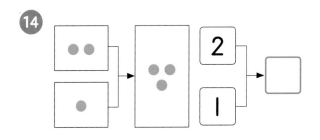

11
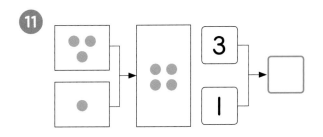

15
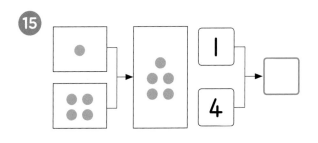

✿ 수 가르기를 해 보세요.

241013-0374 ~ 241013-0380

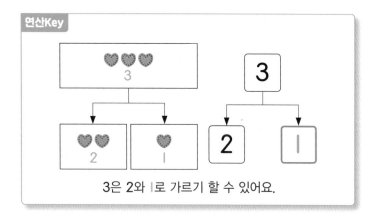

①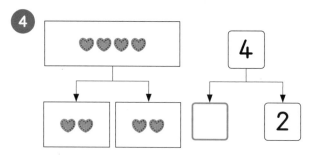

②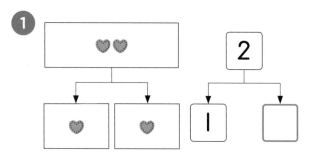

③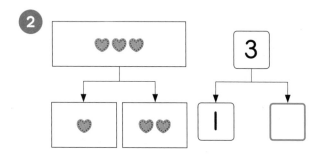

④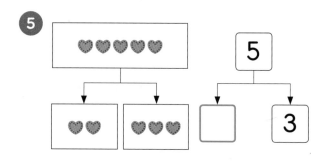

⑤

⑥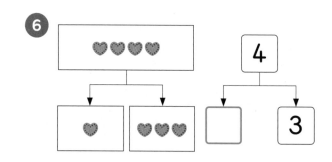

⑦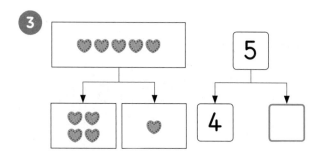

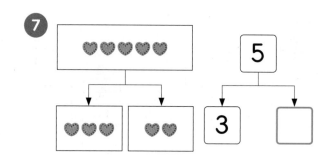

그림을 보고 한 수를 두 수로 가르기 할 수 중 나머지 한 수를 써 보세요.

241013-0381 ~ 241013-0388

8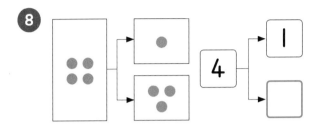

9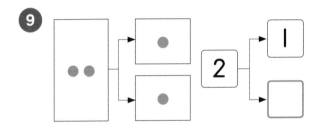

10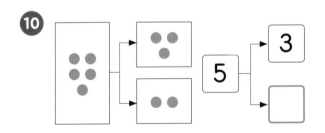

11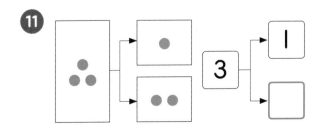

12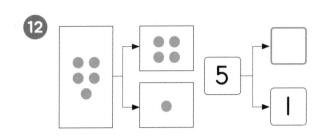

13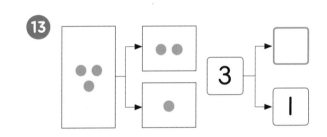

14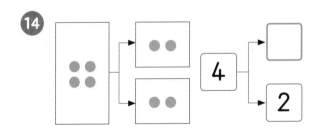

15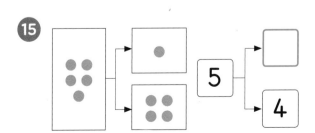

241013-0389 ~ 241013-0399

✿ **수 모으기를 해 보세요.**

연산Key

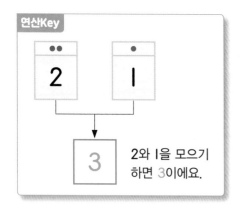

2와 I을 모으기 하면 3이에요.

④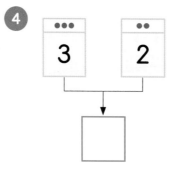

⑧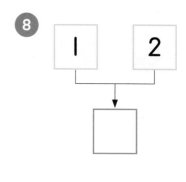

①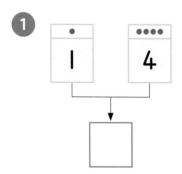

⑤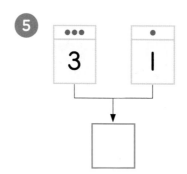

⑨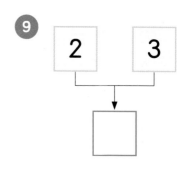

②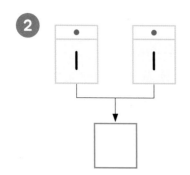

⑥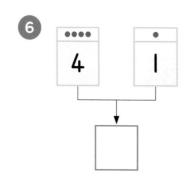

⑩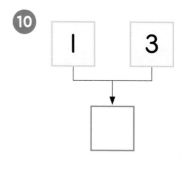

③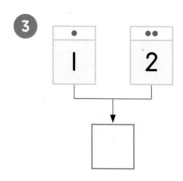

⑦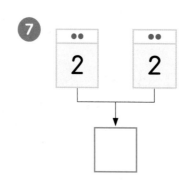

⑪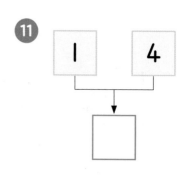

●의 수를 세어 모으기를 연습한 후 두 수를 모으기 해 보세요.

241013-0400 ~ 241013-0411

⑫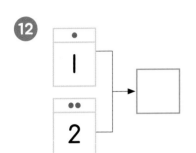

⑯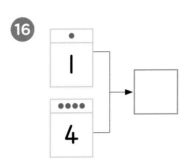

⑳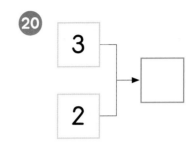

⑬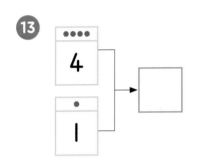

⑰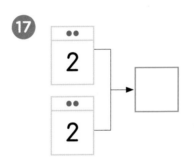

㉑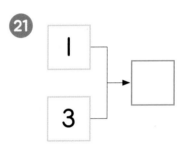

⑭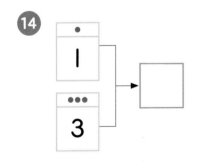

⑱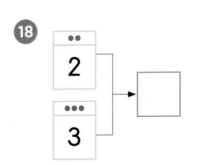

㉒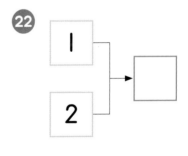

⑮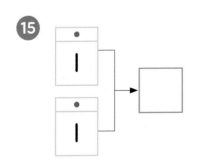

⑲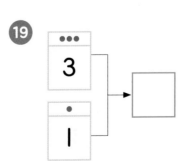

㉓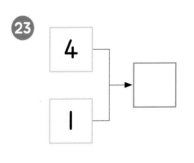

1일차
2일차
3일차
4일차
5일차

✿ **수 가르기를 해 보세요.**

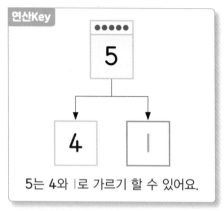

연산Key

5

4 | ㅣ

5는 4와 ㅣ로 가르기 할 수 있어요.

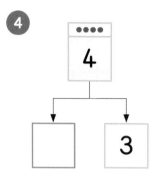

④ 4

□ | 3

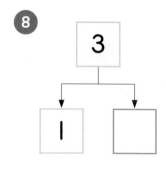

⑧ 3

ㅣ | □

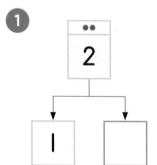

① 2

ㅣ | □

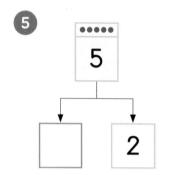

⑤ 5

□ | 2

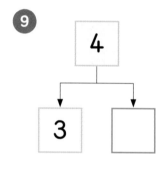

⑨ 4

3 | □

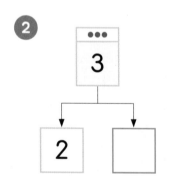

② 3

2 | □

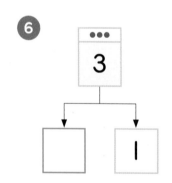

⑥ 3

□ | ㅣ

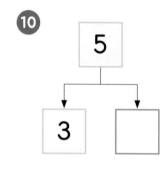

⑩ 5

3 | □

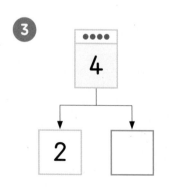

③ 4

2 | □

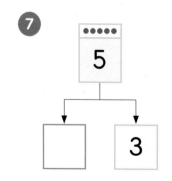

⑦ 5

□ | 3

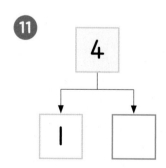

⑪ 4

ㅣ | □

한 수를 두 수로 가르기 한 수를 다시 모으기 하면 처음 수
가 돼요.

학습 점검	학습 날짜		걸린 시간		맞은 개수
	월	일	분	초	

241013-0423 ~ 241013-0434

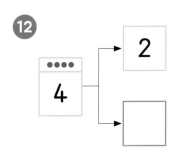

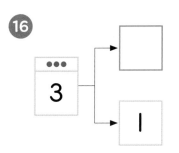

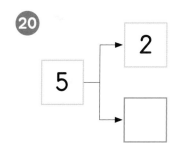

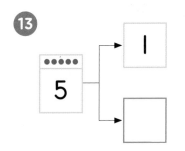

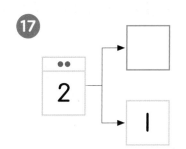

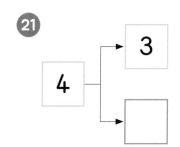

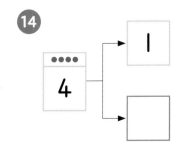

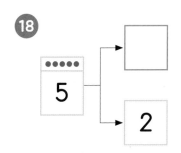

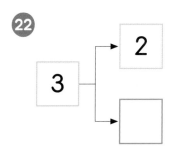

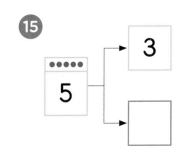

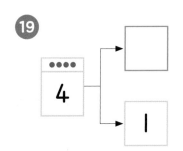

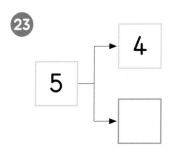

241013-0435 ~ 241013-0441

✿ 수 모으기를 해 보세요.

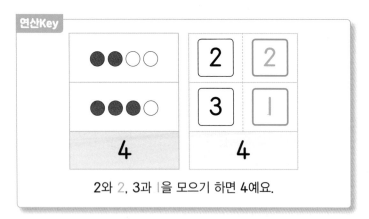

2와 2, 3과 1을 모으기 하면 4예요.

1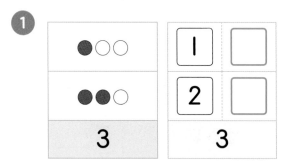

2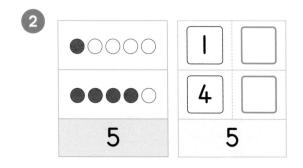

3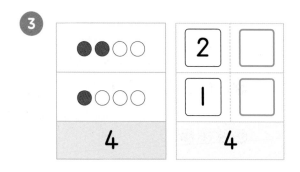

4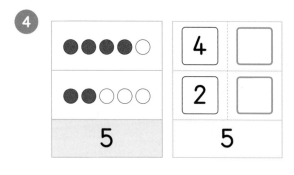

5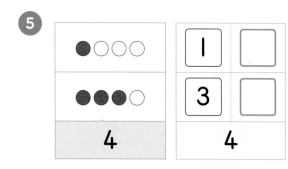

6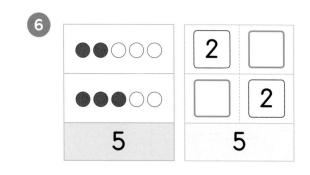

7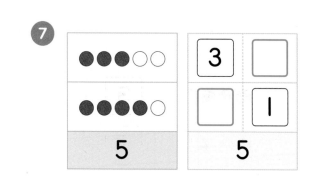

두 수를 한 수로 모으기 하거나 한 수를 두 수로 가르기 하는 방법은 여러 가지가 있어요.

학습 점검	학습 날짜	걸린 시간	맞은 개수
	월 일	분 초	

🔍 241013-0442 ~ 241013-0449

✿ 수 가르기를 해 보세요.

8

3	3
●●○	2 ☐
●○○	1 ☐

9

5	5
●○○○○	1 ☐
●●○○○	2 ☐

10

5	5
●●●○○	3 ☐
●●●●○	4 ☐

11

4	4
●●●○	3 ☐
●○○○	1 ☐

12

4	4
●○○○	1 ☐
●●○○	2 ☐

13

5	5
●●○○○	2 ☐
●●●●○	3 ☐

14

4	4
●●○○	2 ☐
●●●○	☐ 1

15

5	5
●○○○○	1 ☐
●●●●○	☐ 1

5까지의 덧셈

학습목표

① 그림을 이용하여 5까지의 덧셈 익히기

② 더하는 수만큼 더 그리거나 수막대를 이용하여 5까지의 덧셈 익히기

③ 수 모으기를 이용하여 5까지의 덧셈 익히기

이번에는 처음으로 '더하기 기호(＋)'와 '같다(＝)'라는 기호를 사용해서 두 수 더하기를 할 거야.

앞에서 공부한 수 모으기를 생각하며 5까지의 덧셈을 해 보자.

① 그림을 보고 덧셈을 해 보아요

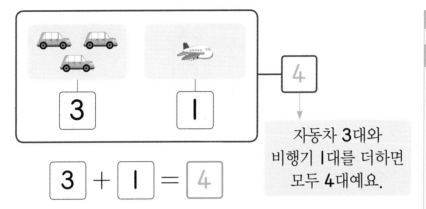

3 + 1 = 4

자동차 3대와
비행기 1대를 더하면
모두 4대예요.

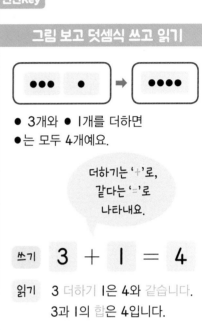

● ● ● | ● ➡ ● ● ● ●

• ● 3개와 ● 1개를 더하면
• ●는 모두 4개예요.

더하기는 '+'로,
같다는 '='로
나타내요.

쓰기 3 + 1 = 4

읽기 3 더하기 1은 4와 같습니다.
3과 1의 합은 4입니다.

② 덧셈식을 보고 더하는 수만큼 더 그려서 덧셈을 해 보아요

● 1 + ▲ 2 = 3

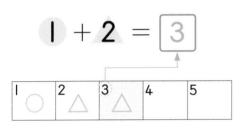

1	2	3	4	5
○	△	△		

• ○ 1개에 △ 2개를 더 그리면 모두 3개입니다.
• 1+2=3 ➡ 1 더하기 2는 3과 같습니다.

③ 수 모으기로 덧셈을 해 보아요

3 2

5

➡ 3+2= 5

3 2 → 5 ➡ 3 + 2 = 5

• 3과 2를 모으기 하면 5입니다.
• 3+2=5 ➡ 3 더하기 2는 5와 같습니다.

241013-0450 ~ 241013-0456

✿ **그림을 보고 덧셈을 해 보세요.**

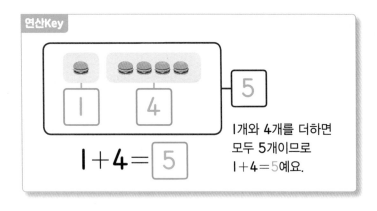

연산Key

1개와 4개를 더하면 모두 5개이므로 1+4=5예요.

$1+4=5$

4

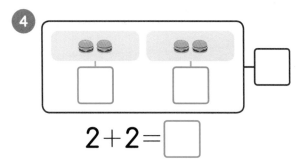

$2+2=\square$

1

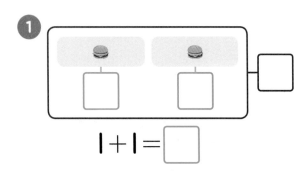

$1+1=\square$

5

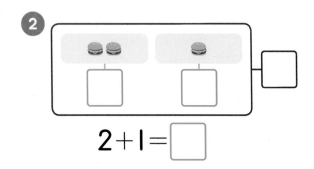

$2+3=\square$

2

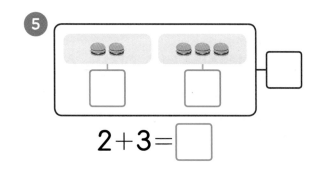

$2+1=\square$

6

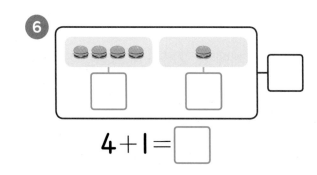

$4+1=\square$

3

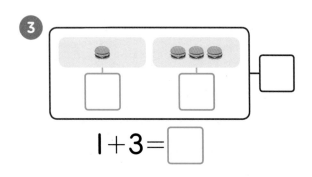

$1+3=\square$

7

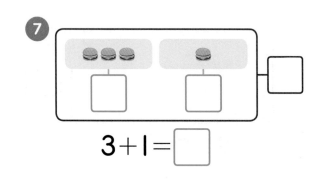

$3+1=\square$

그림을 보고 몇 개인지 세어 쓰고 덧셈을 해 보세요.

241013-0457 ~ 241013-0464

⑧
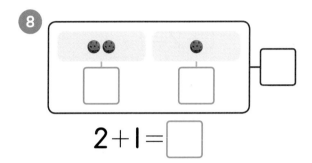

$2+1=\boxed{}$

⑫
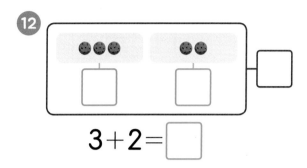

$3+2=\boxed{}$

⑨
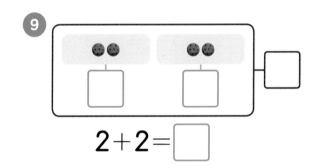

$2+2=\boxed{}$

⑬
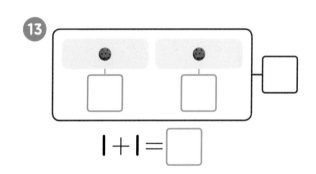

$1+1=\boxed{}$

⑩
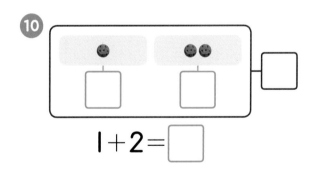

$1+2=\boxed{}$

⑭
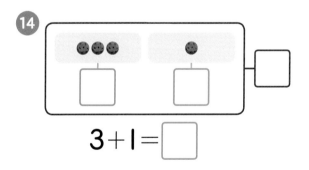

$3+1=\boxed{}$

⑪
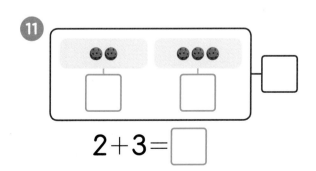

$2+3=\boxed{}$

⑮
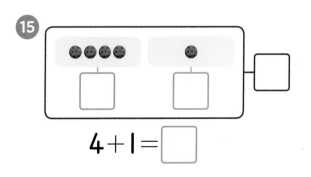

$4+1=\boxed{}$

1일차
2일차
3일차
4일차
5일차

241013-0465 ~ 241013-0473

❋ 덧셈식에 맞게 ○를 더 그리고 덧셈을 해 보세요.

연산Key

$1+3=\boxed{4}$

1	2	3	4	5
○	○	○	○	

○ 1개에 ○ 3개를 더 그리면
○는 모두 4개이므로 1+3=4예요.

1

$1+1=\boxed{}$

1	2	3	4	5
○				

2

$2+2=\boxed{}$

1	2	3	4	5
○	○			

3

$2+1=\boxed{}$

1	2	3	4	5
○	○			

4

$1+4=\boxed{}$

1	2	3	4	5
○				

5

$1+2=\boxed{}$

1	2	3	4	5
○				

6

$2+3=\boxed{}$

1	2	3	4	5
○	○			

7

$3+1=\boxed{}$

1	2	3	4	5
○	○	○		

8

$4+1=\boxed{}$

1	2	3	4	5
○	○	○	○	

9

$3+2=\boxed{}$

1	2	3	4	5
○	○	○		

모양 전체의 개수는 두 수를 더한 수와 같아요.

학습 점검	학습 날짜	걸린 시간	맞은 개수
	월 일	분 초	

241013-0474 ~ 241013-0483

✽ 덧셈식에 맞게 △를 더 그리고 덧셈을 해 보세요.

10 $2+2=\square$

△	△			

11 $1+2=\square$

△				

12 $3+2=\square$

△	△	△		

13 $1+4=\square$

△				

14 $3+1=\square$

△	△	△		

15 $1+1=\square$

△				

16 $2+3=\square$

△	△			

17 $2+1=\square$

△	△			

18 $1+3=\square$

△				

19 $4+1=\square$

△	△	△	△	

241013-0484 ~ 241013-0491

❋ 수 모으기를 하고 덧셈을 해 보세요.

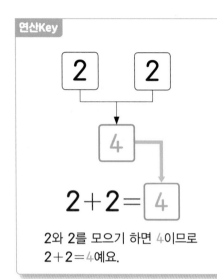

2와 2를 모으기 하면 4이므로
2+2=4예요.

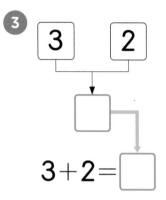

3+2=

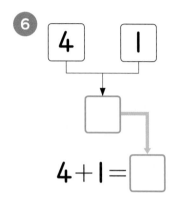

4+1=

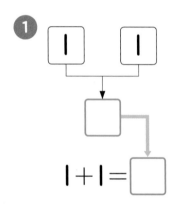

1+1=

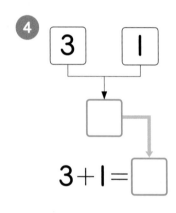

3+1=

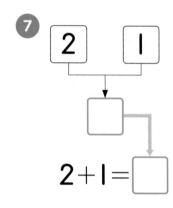

2+1=

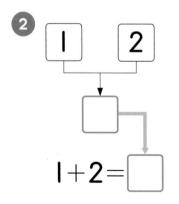

1+2=

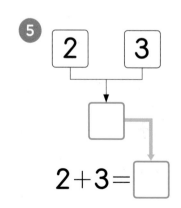

2+3=

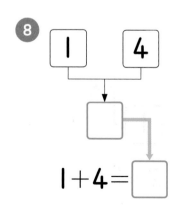

1+4=

두 수를 모으기 한 수는 두 수를 더한 수와 같아요.

241013-0492 ~ 241013-0500

⑨
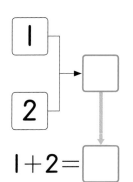

$1+2=$ ☐

⑫
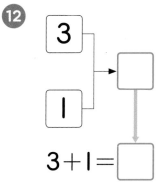

$3+1=$ ☐

⑮
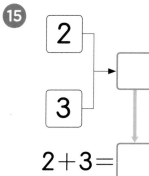

$2+3=$ ☐

⑩
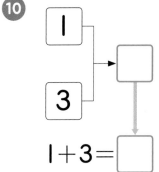

$1+3=$ ☐

⑬
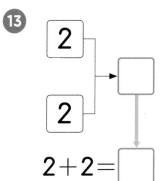

$2+2=$ ☐

⑯
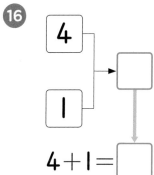

$4+1=$ ☐

⑪
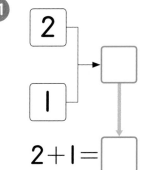

$2+1=$ ☐

⑭
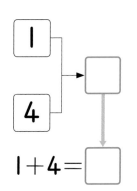

$1+4=$ ☐

⑰
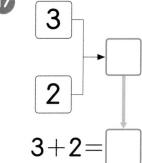

$3+2=$ ☐

1일차

2일차

3일차

4일차

5일차

241013-0501 ~ 241013-0507

✿ 덧셈식에 맞게 화살표를 더 그리고 덧셈을 해 보세요.

연산Key

$2+3=\boxed{5}$

0 1 2 3 4 5

2칸에서 3칸을 더 가면 모두 5칸이므로
2+3=5예요.

4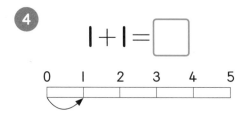

$1+1=\square$

0 1 2 3 4 5

1

$1+2=\square$

0 1 2 3 4 5

5

$2+2=\square$

0 1 2 3 4 5

2

$2+1=\square$

0 1 2 3 4 5

6

$3+2=\square$

0 1 2 3 4 5

3

$1+3=\square$

0 1 2 3 4 5

7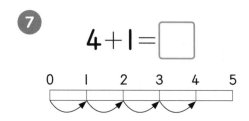

$4+1=\square$

0 1 2 3 4 5

241013-0508 ~ 241013-0515

✿ **덧셈식에 맞게 화살표를 그리고 덧셈을 해 보세요.**

8 $2+1=\boxed{}$

0 1 2 3 4 5

9 $3+1=\boxed{}$

0 1 2 3 4 5

10 $1+1=\boxed{}$

0 1 2 3 4 5

11 $1+2=\boxed{}$

0 1 2 3 4 5

12 $3+2=\boxed{}$

0 1 2 3 4 5

13 $4+1=\boxed{}$

0 1 2 3 4 5

14 $2+2=\boxed{}$

0 1 2 3 4 5

15 $1+4=\boxed{}$

0 1 2 3 4 5

241013-0516 ~ 241013-0523

�֍ 수 모으기를 하고 덧셈을 해 보세요.

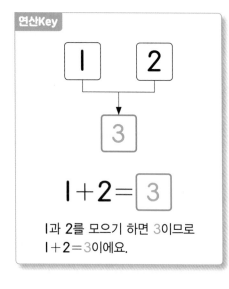

연산Key

$1+2=3$

1과 2를 모으기 하면 3이므로
$1+2=3$이에요.

❸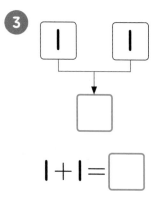

$1+1=\square$

❻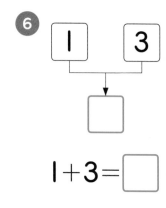

$1+3=\square$

❶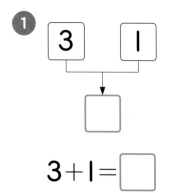

$3+1=\square$

❹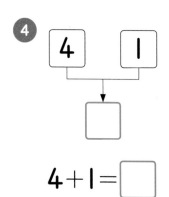

$4+1=\square$

❼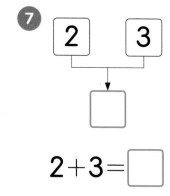

$2+3=\square$

❷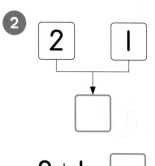

$2+1=\square$

❺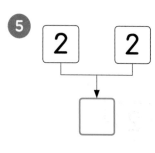

$2+2=\square$

❽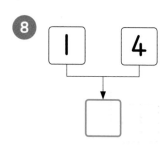

$1+4=\square$

두 수를 모으기 한 수는 덧셈식의 합과 같아요.

241013-0524 ~ 241013-0532

9
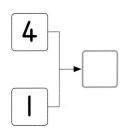
4+1=□

12
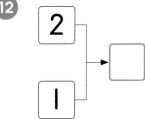
2+1=□

15
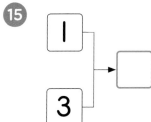
1+3=□

10
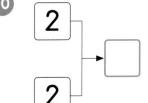
2+2=□

13
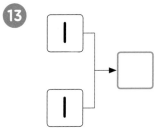
1+1=□

16
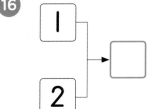
1+2=□

11
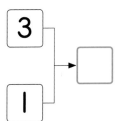
3+1=□

14
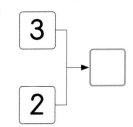
3+2=□

17
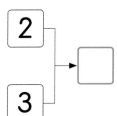
2+3=□

5까지의 뺄셈

학습목표

① 그림을 이용하여 5까지의 뺄셈 익히기

② 빼는 수만큼 지우거나 수막대를 이용하여 5까지의 뺄셈 익히기

③ 수 가르기를 이용하여 5까지의 뺄셈 익히기

이번에는 처음으로 '빼기 기호(−)'와 '같다(=)'라는 기호를 사용해서 두 수 빼기를 할 거야.
앞에서 공부한 수 가르기를 생각하며 5까지의 뺄셈을 해 보자.

① 그림을 보고 뺄셈을 해 보아요

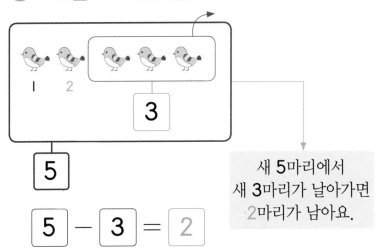

새 **5**마리에서
새 **3**마리가 날아가면
2마리가 남아요.

$$5 - 3 = 2$$

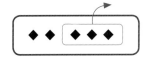

연산Key

그림 보고 뺄셈식 쓰고 읽기

◆ ◆ ◆ ◆ ◆

◆ **5**개에서 ◆ **3**개를 빼면
◆는 **2**개가 남아요.

빼기는 'ㅡ'로,
같다는 '='로
나타내요.

쓰기 $5 - 3 = 2$

읽기 5 빼기 3은 2와 같습니다.
5와 3의 차는 2입니다.

② 뺄셈식을 보고 빼는 수만큼 지워서 뺄셈을 해 보아요

지운 ⊘ 개수   남은 ○ 개수

$$4 - 3 = 1$$

빼는 수

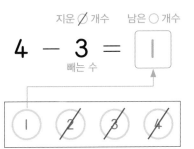

• ○ **4**개에서 ○ **3**개를 /으로 지우면 남은 ○는 **1**개입니다.

• **4 ㅡ 3 = 1** ➡ **4** 빼기 **3**은 **1**과 같습니다.

③ 수 가르기로 뺄셈을 해 보아요

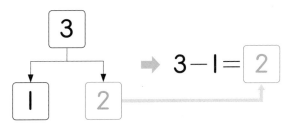

➡ **3 ㅡ 1 = 2**

• **3**은 **1**과 **2**로 가르기 할 수 있습니다.

• **3 ㅡ 1 = 2** ➡ **3** 빼기 **1**은 **2**와 같습니다.

241013-0533 ~ 241013-0539

✱ 그림을 보고 뺄셈을 해 보세요.

연산Key

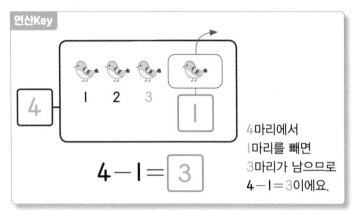

$$4-1=\boxed{3}$$

4마리에서
1마리를 빼면
3마리가 남으므로
4-1=3이에요.

1

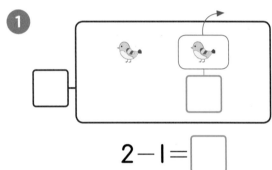

$$2-1=\boxed{}$$

2

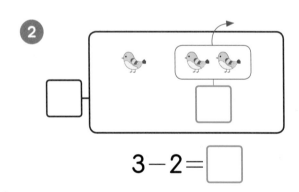

$$3-2=\boxed{}$$

3

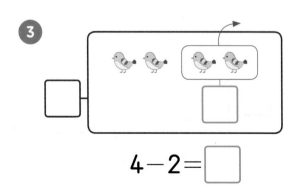

$$4-2=\boxed{}$$

4

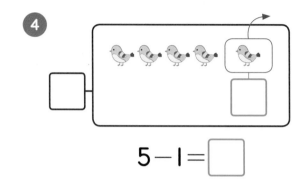

$$5-1=\boxed{}$$

5

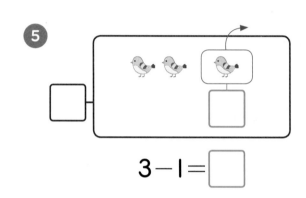

$$3-1=\boxed{}$$

6

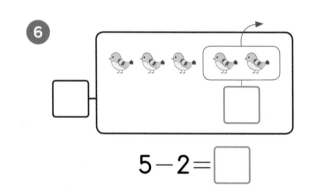

$$5-2=\boxed{}$$

7

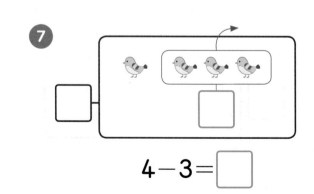

$$4-3=\boxed{}$$

그림을 보고 남은 것은 몇 마리인지 뺄셈을 해 보세요.

241013-0540 ~ 241013-0547

⑧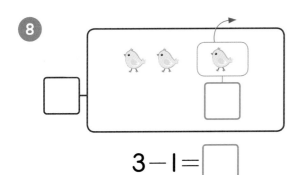

$3-1=\boxed{}$

⑫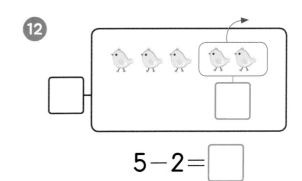

$5-2=\boxed{}$

⑨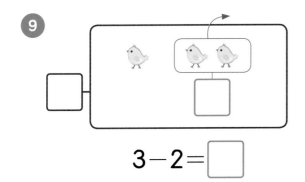

$3-2=\boxed{}$

⑬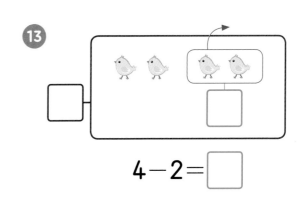

$4-2=\boxed{}$

⑩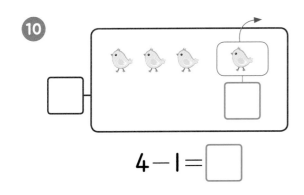

$4-1=\boxed{}$

⑭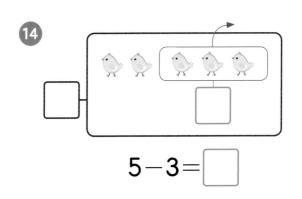

$5-3=\boxed{}$

⑪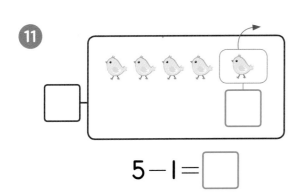

$5-1=\boxed{}$

⑮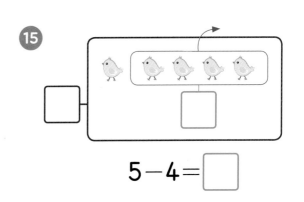

$5-4=\boxed{}$

241013-0548 ~ 241013-0556

✿ 뺄셈식에 맞게 /으로 지우고 뺄셈을 해 보세요.

연산Key

$$5 - 3 = \boxed{2}$$

| ① | ② | ~~③~~ | ~~④~~ | ~~⑤~~ |

○ 5개에서 ○ 3개를 /으로 지우면 2개가 남으므로 5−3=2예요.

1

$$2 - 1 = \boxed{}$$

| ① | ② |

2

$$3 - 2 = \boxed{}$$

| ① | ② | ③ |

3

$$4 - 1 = \boxed{}$$

| ① | ② | ③ | ④ |

4

$$5 - 2 = \boxed{}$$

| ① | ② | ③ | ④ | ⑤ |

5

$$3 - 1 = \boxed{}$$

| ① | ② | ③ |

6

$$5 - 1 = \boxed{}$$

| ① | ② | ③ | ④ | ⑤ |

7

$$4 - 2 = \boxed{}$$

| ① | ② | ③ | ④ |

8

$$5 - 4 = \boxed{}$$

| ① | ② | ③ | ④ | ⑤ |

9

$$4 - 3 = \boxed{}$$

| ① | ② | ③ | ④ |

○를 뒤에서부터 빼는 수만큼 /으로 지우고 남은 수가 뺄셈식의 답이에요.

241013-0557 ~ 241013-0566

10 5−2=□

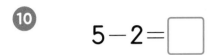

15 5−1=□

11 4−3=□

16 3−1=□

12 2−1=□

17 5−3=□

13 3−2=□

18 4−2=□

14 4−1=□

19 5−4=□

🌸 수 가르기를 하고 뺄셈을 해 보세요.

241013-0567 ~ 241013-0574

연산Key

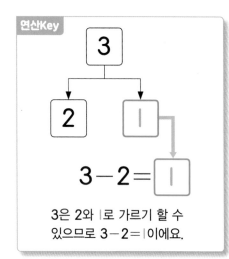

$3 - 2 = 1$

3은 2와 1로 가르기 할 수
있으므로 $3 - 2 = 1$이에요.

❸
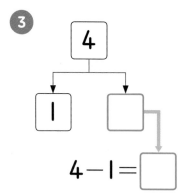

$4 - 1 = \square$

❻
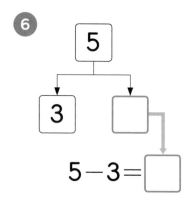

$5 - 3 = \square$

❶
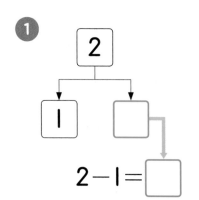

$2 - 1 = \square$

❹
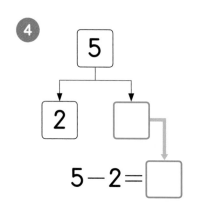

$5 - 2 = \square$

❼
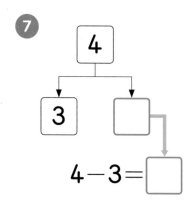

$4 - 3 = \square$

❷
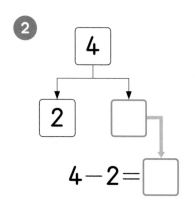

$4 - 2 = \square$

❺
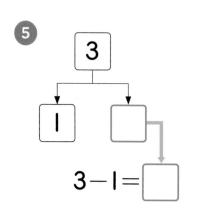

$3 - 1 = \square$

❽
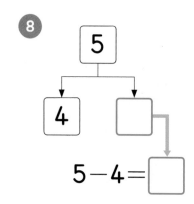

$5 - 4 = \square$

수를 가르기한 두 수 중 한 수는 뺄셈식의 차와 같아요.

241013-0575 ~ 241013-0583

9
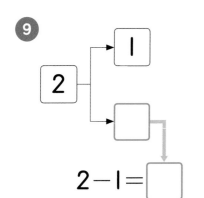

$2-1=$ ☐

12
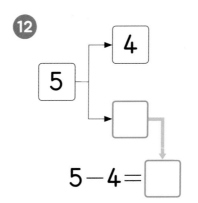

$5-4=$ ☐

15
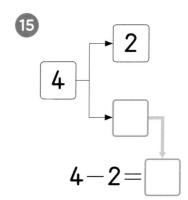

$4-2=$ ☐

10
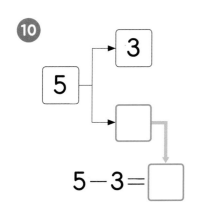

$5-3=$ ☐

13
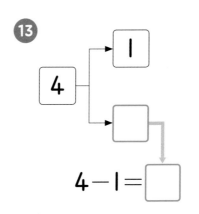

$4-1=$ ☐

16
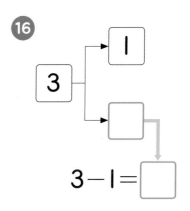

$3-1=$ ☐

11
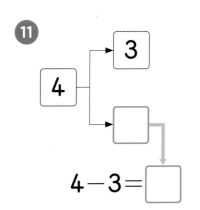

$4-3=$ ☐

14
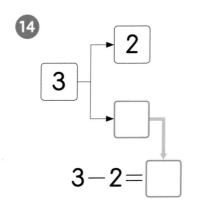

$3-2=$ ☐

17
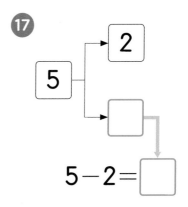

$5-2=$ ☐

1일차
2일차
3일차
4일차
5일차

241013-0584 ~ 241013-0590

✿ 뺄셈식에 맞게 화살표를 그리고 뺄셈을 해 보세요.

연산Key

$$4 - 2 = \boxed{2}$$

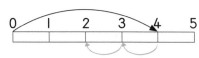

4칸에서 거꾸로 2칸을 가면 2칸이 남으므로
4−2=2예요.

4 $5 - 2 = \boxed{}$

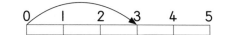

1 $2 - 1 = \boxed{}$

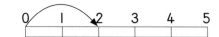

5 $3 - 1 = \boxed{}$

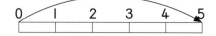

2 $3 - 2 = \boxed{}$

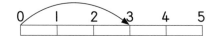

6 $5 - 1 = \boxed{}$

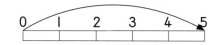

3 $5 - 3 = \boxed{}$

7 $4 - 3 = \boxed{}$

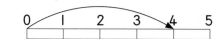

241013-0591 ~ 241013-0598

✿ 뺄셈식에 맞게 화살표를 그리고 뺄셈을 해 보세요.

⑧ $4-1=\boxed{}$

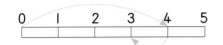

0 1 2 3 4 5

⑫ $3-1=\boxed{}$

0 1 2 3 4 5

⑨ $5-3=\boxed{}$

0 1 2 3 4 5

⑬ $4-2=\boxed{}$

0 1 2 3 4 5

⑩ $5-4=\boxed{}$

0 1 2 3 4 5

⑭ $4-3=\boxed{}$

0 1 2 3 4 5

⑪ $3-2=\boxed{}$

0 1 2 3 4 5

⑮ $5-2=\boxed{}$

0 1 2 3 4 5

241013-0599 ~ 241013-0606

✿ 수 가르기를 하고 뺄셈을 해 보세요.

연산Key

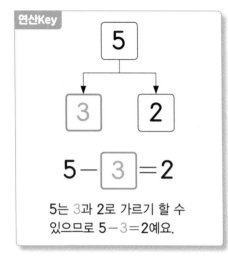

5는 3과 2로 가르기 할 수 있으므로 5-3=2예요.

3

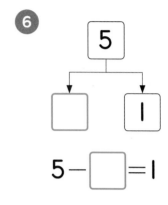

$3 - \boxed{} = 1$

6

$5 - \boxed{} = 1$

1

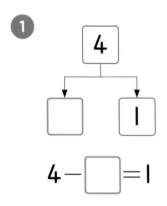

$4 - \boxed{} = 1$

4

$5 - \boxed{} = 3$

7

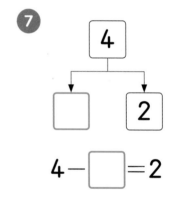

$4 - \boxed{} = 2$

2

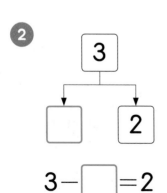

$3 - \boxed{} = 2$

5

$4 - \boxed{} = 3$

8

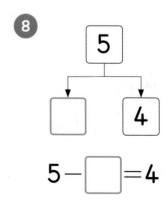

$5 - \boxed{} = 4$

가르기를 한 두 수 중 한 수는 뺄셈식의 답이 돼요.

241013-0607 ~ 241013-0615

9
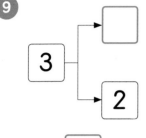

$3 - \square = 2$

12
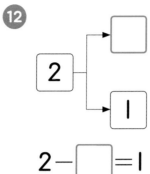

$2 - \square = 1$

15
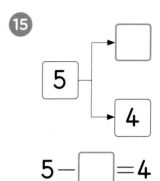

$5 - \square = 4$

10
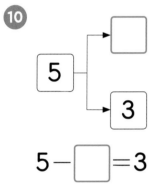

$5 - \square = 3$

13
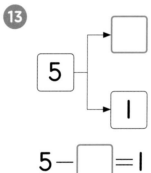

$5 - \square = 1$

16
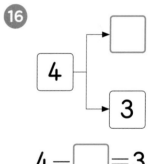

$4 - \square = 3$

11
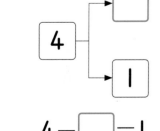

$4 - \square = 1$

14
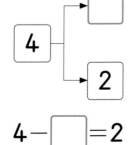

$4 - \square = 2$

17
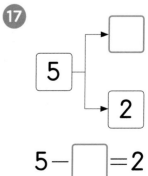

$5 - \square = 2$

6~9까지의
수 모으기와 가르기

학습목표

❶ 6~9까지의 수로 모으기

❷ 6~9까지의 수를 가르기

❸ 6~9까지의 수를 여러 가지 방법으로 모으기
   와 가르기

앞에서 공부한 2에서 5까지의 수 모으기와 가르기 기억하지?
수가 클수록 모으는 방법과 가르는 방법은 더 많아지니까 더 집중해 보자.
자, 그럼 6부터 9까지의 수 모으기와 가르기를 시작해 볼까?

① 6~9까지의 수로 모아 보아요

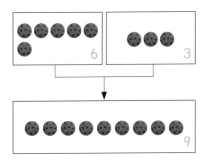

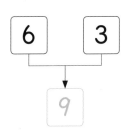

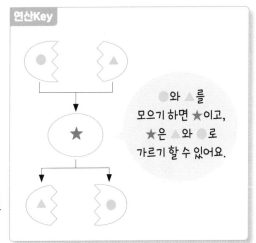

●와 ▲를
모으기 하면 ★이고,
★은 ▲와 ●로
가르기 할 수 있어요.

과자 6개와 과자 3개를 모으기 하면
과자는 모두 9개입니다.

6과 3을 모으기 하면
9입니다.

② 6~9까지의 수를 가르기 해 보아요

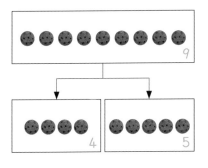

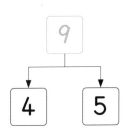

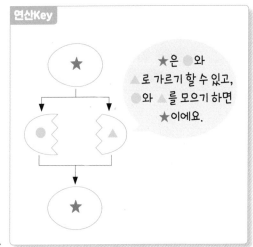

★은 ●와
▲로 가르기 할 수 있고,
●와 ▲를 모으기 하면
★이에요.

과자 9개는 과자 4개와
과자 5개로 가르기 할 수 있습니다.

9는 4와 5로
가르기 할 수 있습니다.

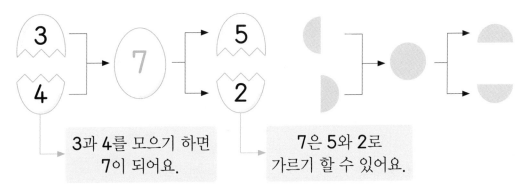

3과 4를 모으기 하면
7이 되어요.

7은 5와 2로
가르기 할 수 있어요.

• 6, 7, 8, 9는 여러 가지 방법으로 가를 수 있습니다.
• 6, 7, 8, 9를 가르기 한 두 수를 모으면 처음 수가 됩니다.

이해 안 되는 내용이 있으면 한번 더 공부하고 연산력 키우기로 넘어가세요.

✿ 수 모으기를 해 보세요.

241013-0616 ~ 241013-0622

연산Key

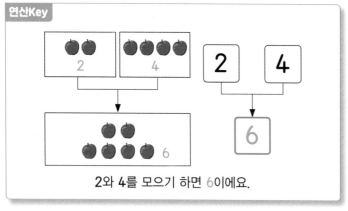

2와 4를 모으기 하면 6이에요.

①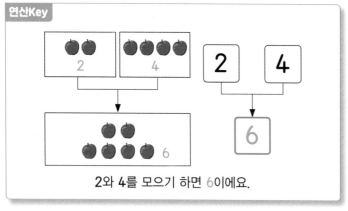

②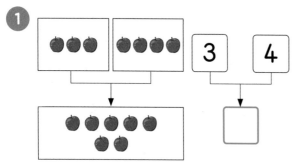

③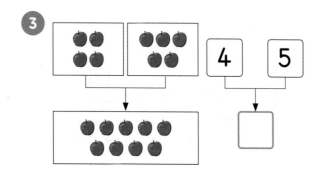

④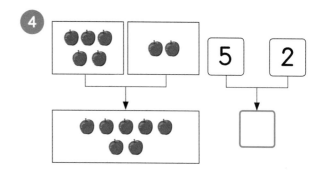

⑤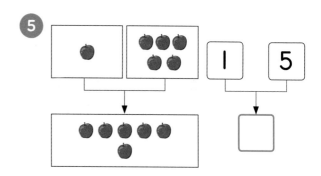

⑥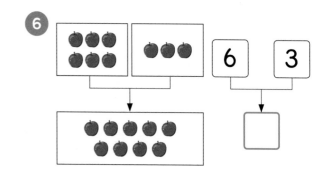

⑦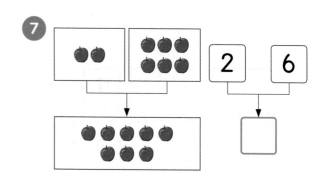

그림을 보고 두 수를 모으기 한 수를 써 보세요.

241013-0623 ~ 241013-0630

⑧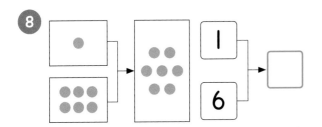

⑫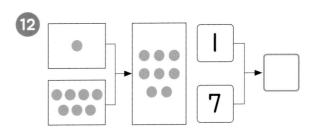

⑨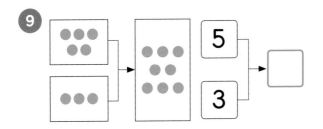

⑬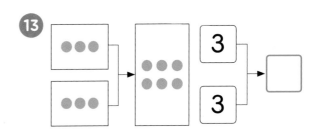

⑩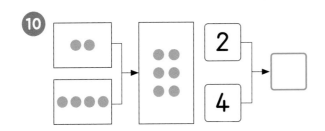

⑭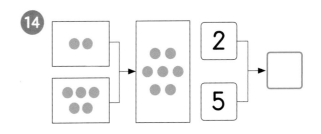

⑪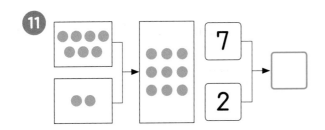

⑮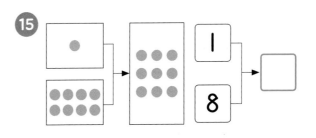

✿ 수 가르기를 해 보세요.

241013-0631 ~ 241013-0637

연산Key

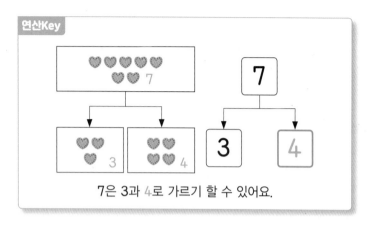

7은 3과 4로 가르기 할 수 있어요.

4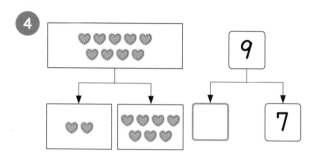

1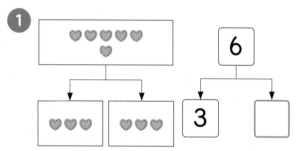

5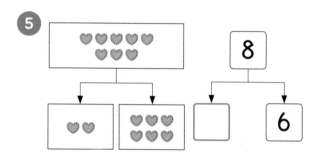

2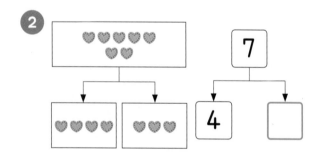

6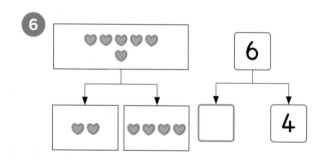

3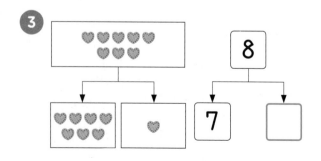

7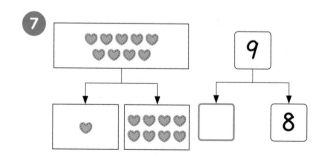

그림을 보고 한 수를 두 수로 가른 수 중 나머지 한 수를 써 보세요.

학습 점검	학습 날짜		걸린 시간		맞은 개수
	월	일	분	초	

241013-0638 ~ 241013-0645

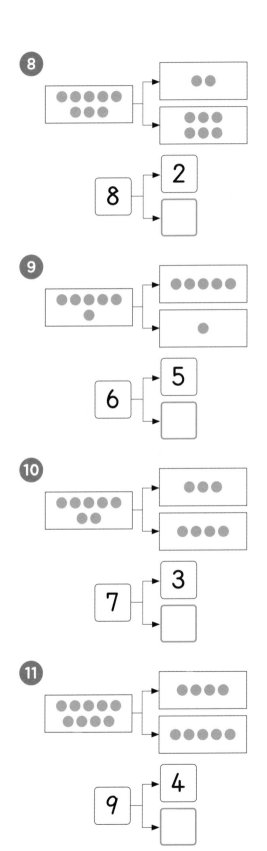

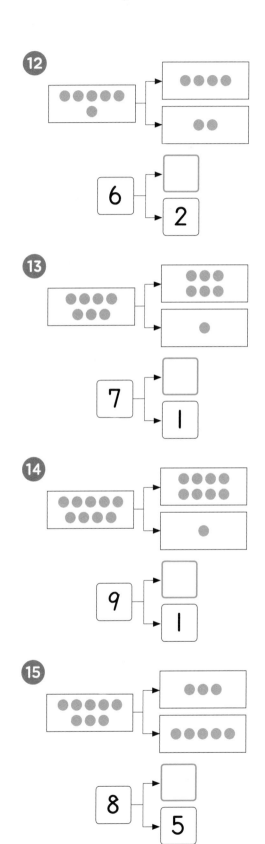

241013-0646 ~ 241013-0656

❋ 수 모으기를 해 보세요.

연산Key

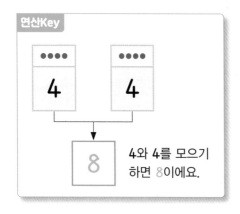

4와 4를 모으기
하면 8이에요.

4
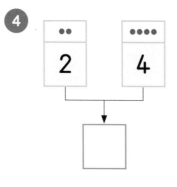

8
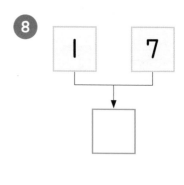

1
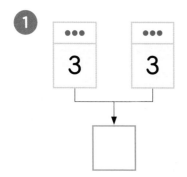

5
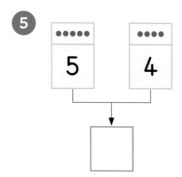

9
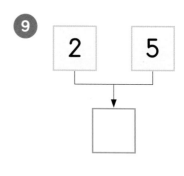

2
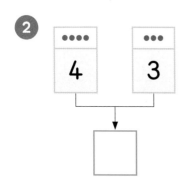

6
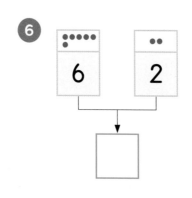

10
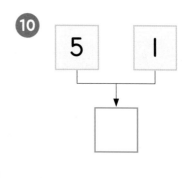

3
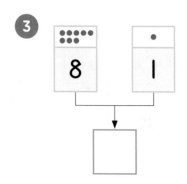

7
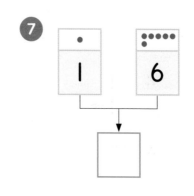

11
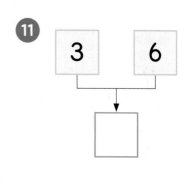

241013-0657 ~ 241013-0668

12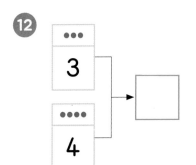

13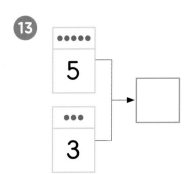

14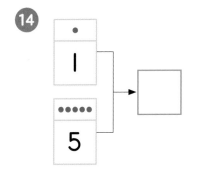

15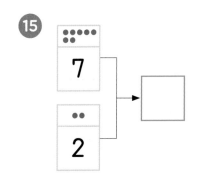

16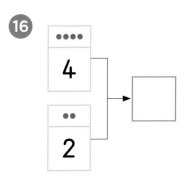

17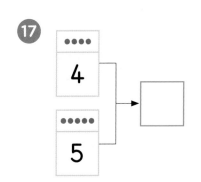

18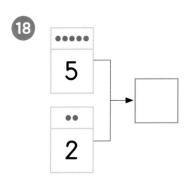

19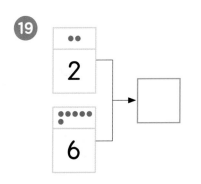

20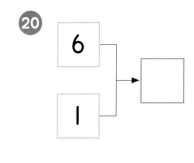

21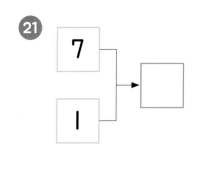

22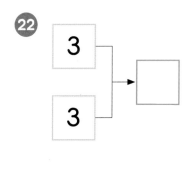

23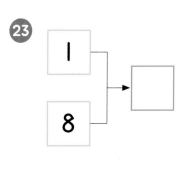

241013-0669 ~ 241013-0679

✿ 수 가르기를 해 보세요.

연산Key

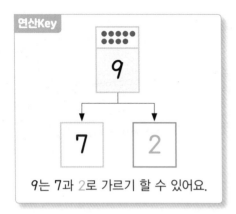

9는 7과 2로 가르기 할 수 있어요.

4
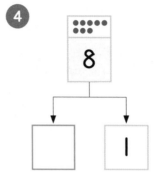

8
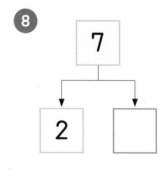

1
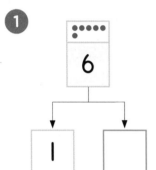

5
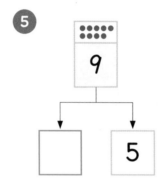

9
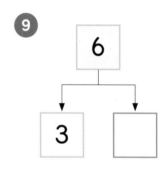

2
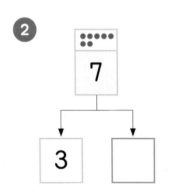

6
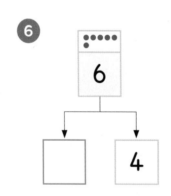

10
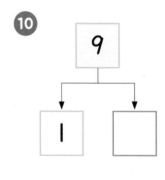

3
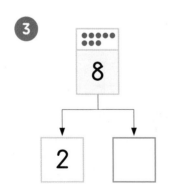

7
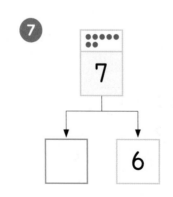

11
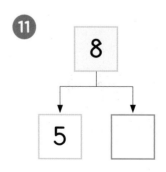

한 수를 두 수로 가르기 한 수를 다시 모으기 하면 처음 수가 돼요.

241013-0680 ~ 241013-0691

1일차 2일차 3일차 **4일차** 5일차

⑫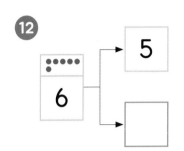

⑬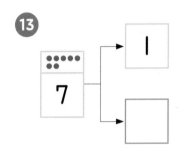

⑭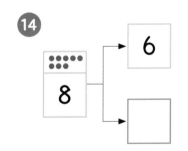

⑮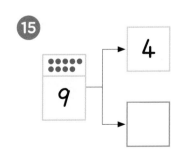

⑯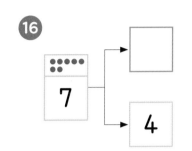

⑰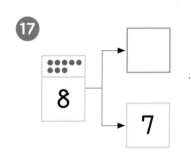

⑱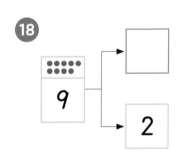

⑲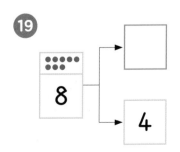

⑳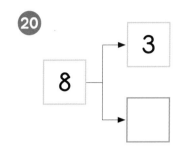

㉑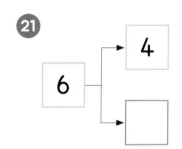

㉒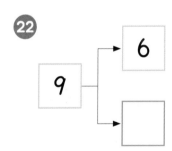

㉓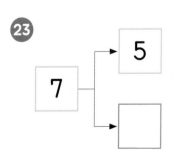

241013-0692 ～ 241013-0698

✿ **수 모으기를 해 보세요.**

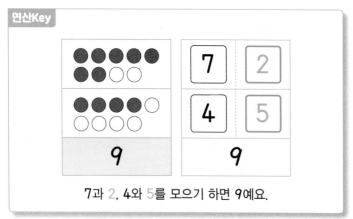

7과 2, 4와 5를 모으기 하면 9예요.

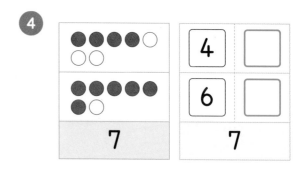

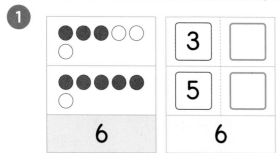

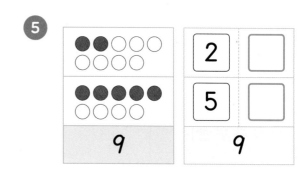

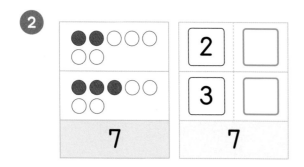

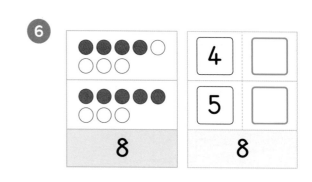

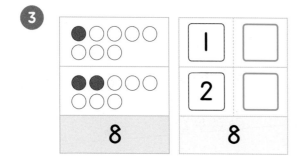

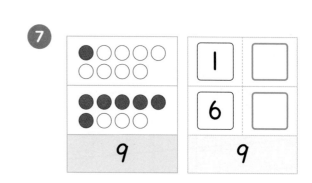

두 수를 한 수로 모으기 하거나 한 수를 두 수로 가르기 하는 방법은 여러 가지가 있어요.

241013-0699 ~ 241013-0706

❋ 수 가르기를 해 보세요.

8

7	7	
●●○○○ ○○	2	☐
●●●●●○ ○○	4	☐

9

6	6	
●○○○○ ○	1	☐
●●●●○ ○	4	☐

10

8	8	
●●●○○ ○○○	3	☐
●●●●● ●●○	7	☐

11

9	9	
●●○○ ○○○	2	☐
●●●●● ○○○○	5	☐

12

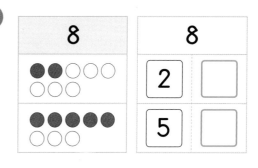

8	8	
	2	☐
	5	☐

13

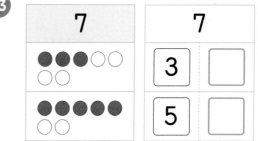

7	7	
	3	☐
	5	☐

14

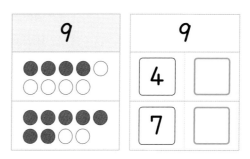

9	9	
	4	☐
	7	☐

15

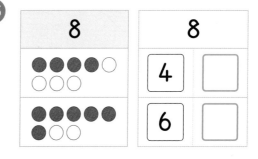

8	8	
	4	☐
	6	☐

10보다 작은 덧셈

학습목표

① 그림을 이용하여 10보다 작은 덧셈 익히기

② 더하는 수만큼 더 그리거나 수막대를 이용하여 10보다 작은 덧셈 익히기

③ 수 모으기를 이용하여 10보다 작은 덧셈 익히기

6차시에서와 같이 이번에도 덧셈을 할 때 더하는 수만큼 ○를 더 그려 보거나 수막대에 화살표를 그리는 등의 방법을 이용해서 덧셈을 이해해 보자.
자, 그럼 합이 6부터 9까지인 덧셈을 시작해 볼까?

❶ 그림을 보고 덧셈을 해 보아요

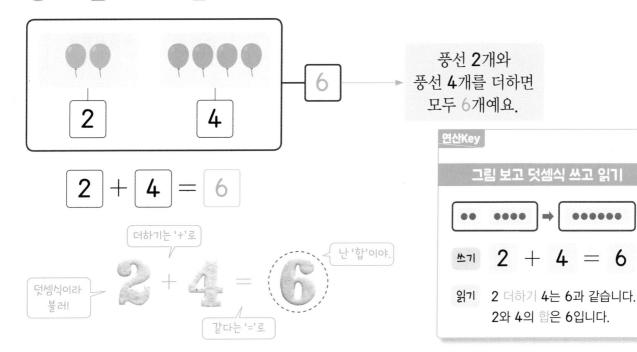

풍선 **2**개와
풍선 **4**개를 더하면
모두 6개예요.

2 + 4 = 6

더하기는 '+'로

덧셈식이라 불러!

난 '합'이야.

2 + 4 = 6

같다는 '='로

연산Key

그림 보고 덧셈식 쓰고 읽기

•• •••• ➡ ••••••

쓰기   2 + 4 = 6

읽기   2 더하기 4는 6과 같습니다.
       2와 4의 합은 6입니다.

❷ 덧셈식을 보고 더하는 수만큼 더 그려서 덧셈을 해 보아요

5 + 3 = 8

1 ○	2 ○	3 ○	4 ○	5 ○
6 △	7 △	8 △	9	10

• ○ 5개에 △ 3개를 더 그리면 모두 8개이므로
  5+3=8입니다.

❸ 수 모으기로 덧셈을 해 보아요

3   6

9

➡ 3+6= 9

• 3과 6을 모으기 하면 9이므로
  3+6=9입니다.

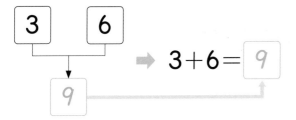

241013-0707 ~ 241013-0713

✱ 그림을 보고 덧셈을 해 보세요.

연산Key

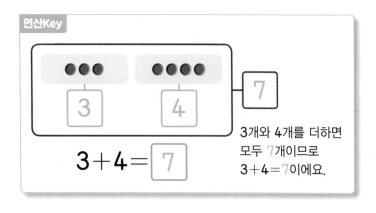

$$3+4=7$$

3개와 4개를 더하면
모두 7개이므로
3+4=7이에요.

④
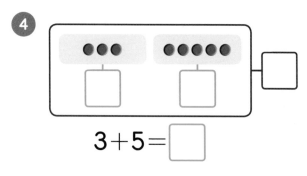

$$3+5=\boxed{}$$

①
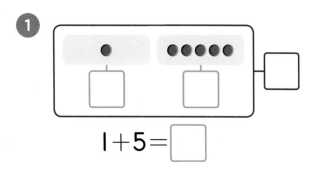

$$1+5=\boxed{}$$

⑤
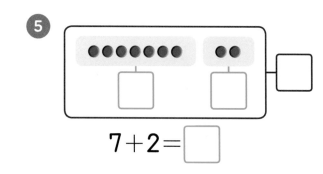

$$7+2=\boxed{}$$

②
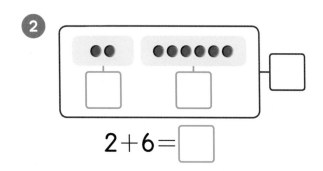

$$2+6=\boxed{}$$

⑥
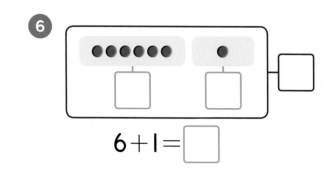

$$6+1=\boxed{}$$

③
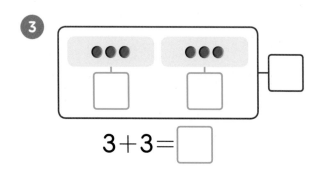

$$3+3=\boxed{}$$

⑦
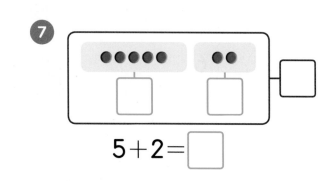

$$5+2=\boxed{}$$

그림을 보고 모두 몇 개인지 세어 쓰고 덧셈을 해 보세요.

241013-0714 ~ 241013-0721

8
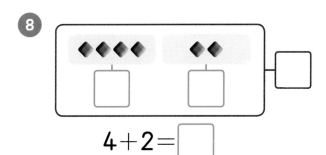

$4+2=$ ☐

12
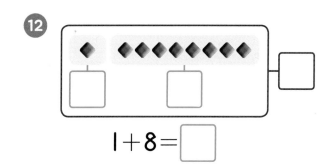

$1+8=$ ☐

9
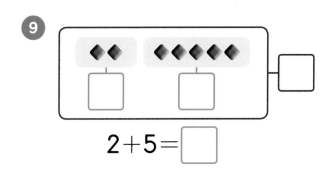

$2+5=$ ☐

13
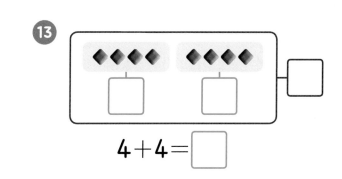

$4+4=$ ☐

10
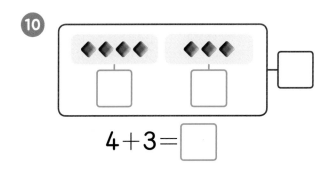

$4+3=$ ☐

14
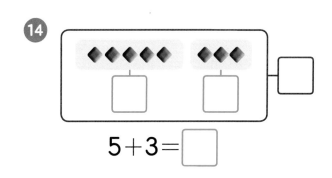

$5+3=$ ☐

11
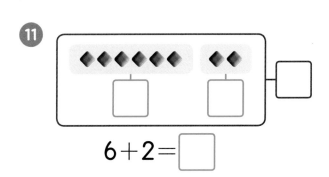

$6+2=$ ☐

15
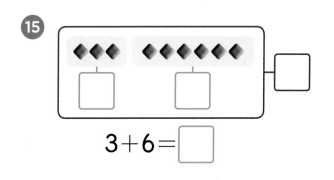

$3+6=$ ☐

241013-0722 ~ 241013-0732

✿ 덧셈식에 맞게 ○를 더 그리고 덧셈을 해 보세요.

연산Key

$4+2=\boxed{6}$

1 ○	2 ○	3 ○	4 ○	5 ○
6 ○	7	8	9	10

○ 4개에 ○ 2개를 더 그리면 ○는
모두 6개이므로 4+2=6이에요.

4 $3+3=\boxed{}$

1 ○	2 ○	3 ○	4	5
6	7	8	9	10

8 $5+4=\boxed{}$

1 ○	2 ○	3 ○	4 ○	5 ○
6	7	8	9	10

1 $5+1=\boxed{}$

1 ○	2 ○	3 ○	4 ○	5 ○
6	7	8	9	10

5 $1+5=\boxed{}$

1 ○	2	3	4	5
6	7	8	9	10

9 $3+5=\boxed{}$

1 ○	2 ○	3 ○	4	5
6	7	8	9	10

2 $2+4=\boxed{}$

1 ○	2 ○	3	4	5
6	7	8	9	10

6 $2+6=\boxed{}$

1 ○	2 ○	3	4	5
6	7	8	9	10

10 $3+4=\boxed{}$

1 ○	2 ○	3 ○	4	5
6	7	8	9	10

3 $6+1=\boxed{}$

1 ○	2 ○	3 ○	4 ○	5 ○
6 ○	7	8	9	10

7 $1+7=\boxed{}$

1 ○	2	3	4	5
6	7	8	9	10

11 $4+4=\boxed{}$

1 ○	2 ○	3 ○	4 ○	5
6	7	8	9	10

241013-0733 ~ 241013-0744

✿ 덧셈식에 맞게 △를 더 그리고 덧셈을 해 보세요.

⑫ 2+4=☐

⑯ 1+8=☐

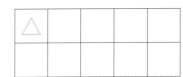

⑳ 5+3=☐

⑬ 5+2=☐

⑰ 6+2=☐

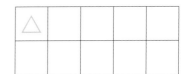

㉑ 1+6=☐

⑭ 3+6=☐

⑱ 2+7=☐

㉒ 4+5=☐

⑮ 4+3=☐

⑲ 5+1=☐

㉓ 8+1=☐

241013-0745 ~ 241013-0752

❊ 수 모으기를 하고 덧셈을 해 보세요.

연산Key

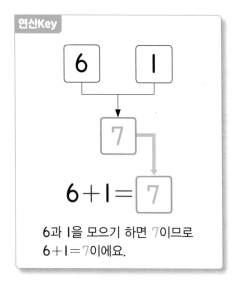

6과 1을 모으기 하면 7이므로
6+1=7이에요.

❸
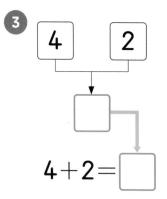

$4+2=$ ☐

❻
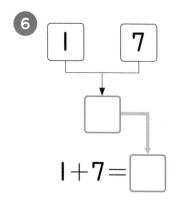

$1+7=$ ☐

❶
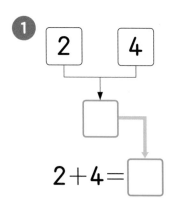

$2+4=$ ☐

❹
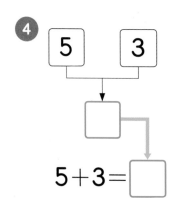

$5+3=$ ☐

❼
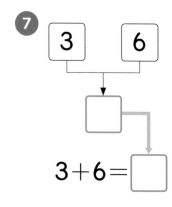

$3+6=$ ☐

❷
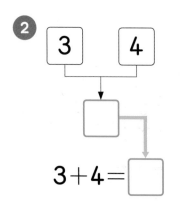

$3+4=$ ☐

❺
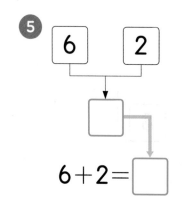

$6+2=$ ☐

❽
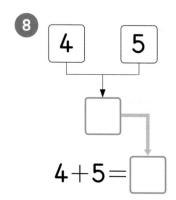

$4+5=$ ☐

두 수를 모으기 한 수는 두 수를 더한 수와 같아요.

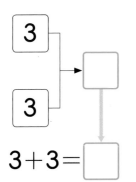

241013-0753 ~ 241013-0761

⑨
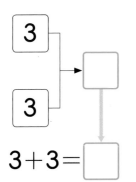

$3+3=$ ☐

⑫
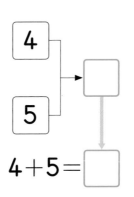

$4+5=$ ☐

⑮
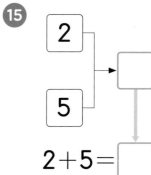

$2+5=$ ☐

⑩
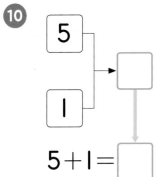

$5+1=$ ☐

⑬
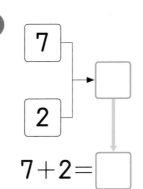

$7+2=$ ☐

⑯
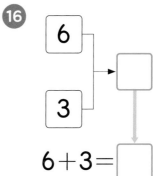

$6+3=$ ☐

⑪
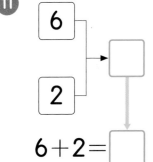

$6+2=$ ☐

⑭
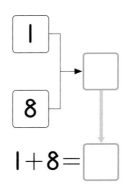

$1+8=$ ☐

⑰
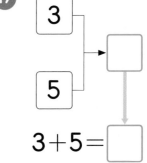

$3+5=$ ☐

✿ 덧셈식에 맞게 화살표를 더 그리고 덧셈을 해 보세요.

241013-0762 ～ 241013-0768

연산Key

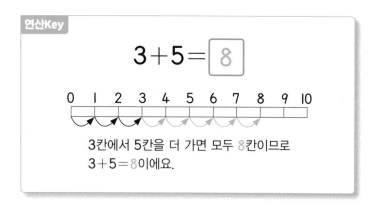

$3+5=\boxed{8}$

3칸에서 5칸을 더 가면 모두 8칸이므로
$3+5=8$이에요.

4 $6+2=\boxed{}$

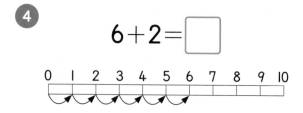

1 $2+4=\boxed{}$

5 $7+2=\boxed{}$

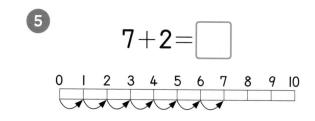

2 $5+2=\boxed{}$

6 $3+4=\boxed{}$

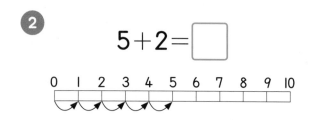

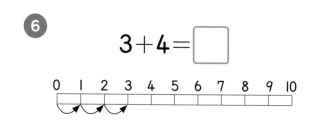

3 $1+5=\boxed{}$

7 $8+1=\boxed{}$

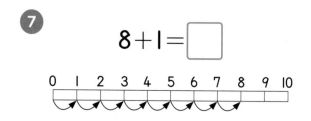

241013-0769 ～ 241013-0776

❀ 덧셈식에 맞게 화살표를 그리고 덧셈을 해 보세요.

⑧ 1+6=☐

0 1 2 3 4 5 6 7 8 9 10

⑨ 5+3=☐

0 1 2 3 4 5 6 7 8 9 10

⑩ 3+3=☐

0 1 2 3 4 5 6 7 8 9 10

⑪ 2+7=☐

0 1 2 3 4 5 6 7 8 9 10

⑫ 6+3=☐

0 1 2 3 4 5 6 7 8 9 10

⑬ 2+5=☐

0 1 2 3 4 5 6 7 8 9 10

⑭ 4+4=☐

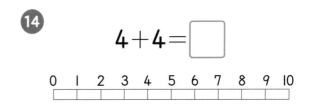

0 1 2 3 4 5 6 7 8 9 10

⑮ 5+4=☐

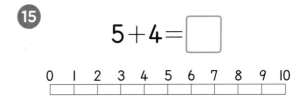

0 1 2 3 4 5 6 7 8 9 10

10보다 작은 덧셈

241013-0777 ~ 241013-0784

수 모으기를 하고 덧셈을 해 보세요.

연산Key

6, 3 → 9

$6+3=$ 9

6과 3을 모으기 하면 9이므로 6+3=9예요.

❸ 2, 5 → □

$2+5=$ □

❻ 3, 5 → □

$3+5=$ □

❶ 1, 6 → □

$1+6=$ □

❹ 4, 2 → □

$4+2=$ □

❼ 7, 1 → □

$7+1=$ □

❷ 4, 4 → □

$4+4=$ □

❺ 2, 7 → □

$2+7=$ □

❽ 5, 4 → □

$5+4=$ □

두 수를 모으기 한 수는 덧셈식의 합과 같아요.

241013-0785 ~ 241013-0793

9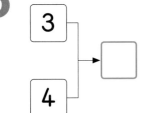

$3+4=\square$

12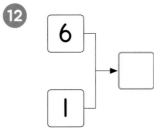

$6+1=\square$

15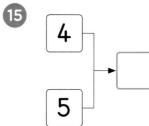

$4+5=\square$

10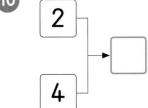

$2+4=\square$

13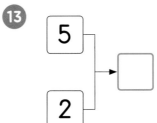

$5+2=\square$

16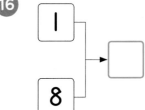

$1+8=\square$

11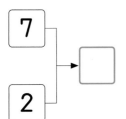

$7+2=\square$

14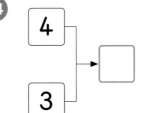

$4+3=\square$

17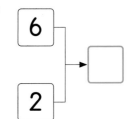

$6+2=\square$

10보다 작은 뺄셈

학습목표

① 그림을 이용하여 10보다 작은 뺄셈 익히기

② 빼는 수만큼 지우거나 수막대를 이용하여
10보다 작은 뺄셈 익히기

③ 수 가르기를 이용하여 10보다 작은 뺄셈 익히기

7차시에서와 같이 이번에도 뺄셈을 할 때 전체에서 빼는 수만큼 지우거나
수막대에 화살표를 그리는 등의 방법을 이용해서 뺄셈을 이해해 보자.
자, 그럼 빼지는 수가 6부터 9까지인 뺄셈을 시작해 볼까?

원리 깨치기

① 그림을 보고 뺄셈을 해 보아요

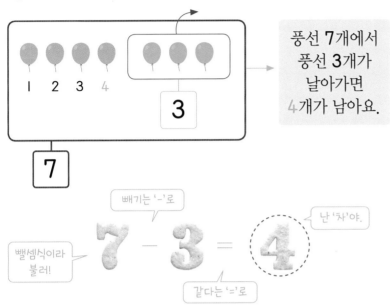

풍선 **7**개에서
풍선 **3**개가
날아가면
4개가 남아요.

연산Key

그림 보고 뺄셈식 쓰고 읽기

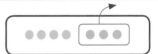

쓰기 $7 - 3 = 4$

읽기 7 빼기 3은 4와 같습니다.
7과 3의 차는 4입니다.

빼기는 '-'로

빼셈식이라
불러!

난 '차'야.

같다는 '='로

② 뺄셈식을 보고 빼는 수만큼 지워서 뺄셈을 해 보아요

지운 ⊘ 개수   남은 ○ 개수

$$9 - 4 = 5$$

빼는 수

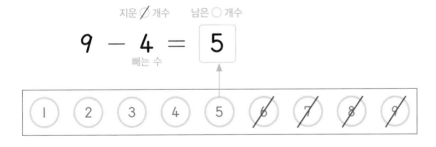

○ **9**개에서
○ **4**개를 /으로 지우면
남은 ○는 **5**개이므로
$9-4=5$입니다.

③ 수 가르기로 뺄셈을 해 보아요

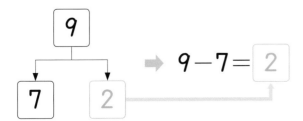

→ $9-7=\boxed{2}$

9는
7과 2로 가르기
할 수 있으므로
$9-7=2$입니다.

이해 안 되는 내용이 있으면 한번 더 공부하고 연산력 키우기로 넘어가세요.

241013-0794 ~ 241013-0800

✿ 그림을 보고 뺄셈을 해 보세요.

연산Key

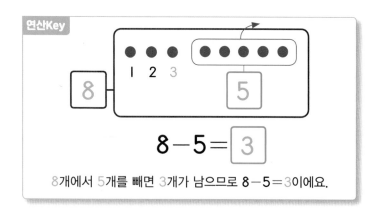

$$8-5=3$$

8개에서 5개를 빼면 3개가 남으므로 8−5=3이에요.

4
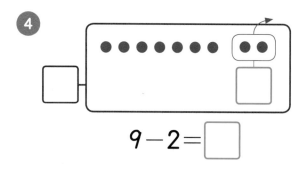
$$9-2=\boxed{}$$

1
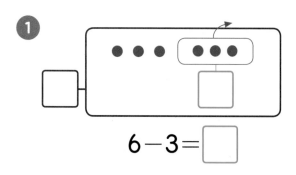
$$6-3=\boxed{}$$

5
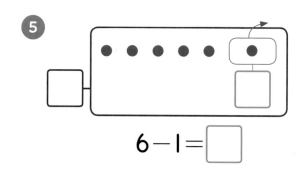
$$6-1=\boxed{}$$

2
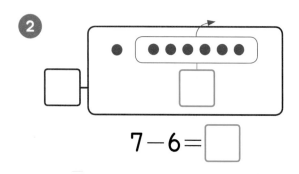
$$7-6=\boxed{}$$

6
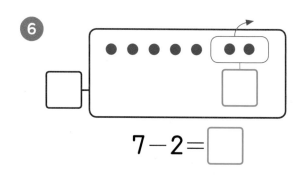
$$7-2=\boxed{}$$

3
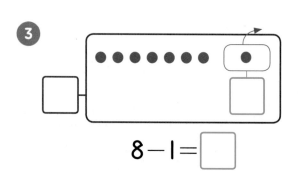
$$8-1=\boxed{}$$

7
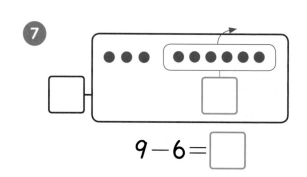
$$9-6=\boxed{}$$

전체에서 빼고 남은 수를 구해 보세요.

241013-0801 ～ 241013-0808

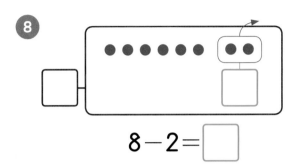

$8-2=\boxed{}$

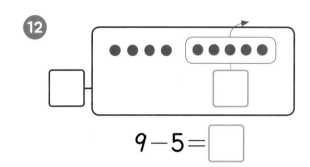

$9-5=\boxed{}$

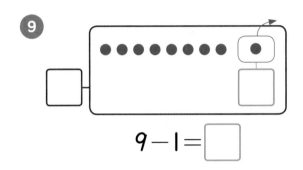

$9-1=\boxed{}$

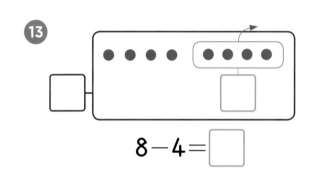

$8-4=\boxed{}$

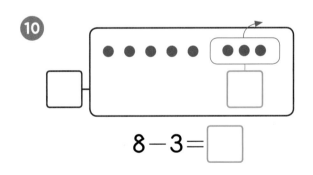

$8-3=\boxed{}$

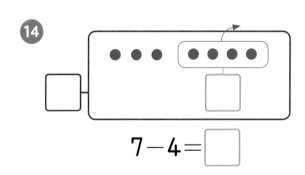

$7-4=\boxed{}$

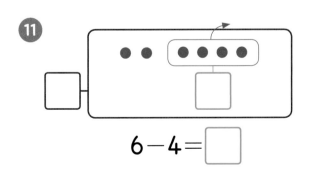

$6-4=\boxed{}$

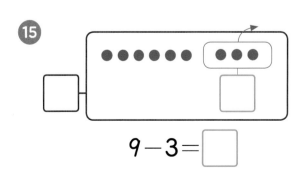

$9-3=\boxed{}$

241013-0809 ~ 241013-0819

✿ 뺄셈식에 맞게 /으로 지우고 뺄셈을 해 보세요.

연산Key

$$9-4=\boxed{5}$$

① ② ③ ④ ⑤
⑥̸ ⑦̸ ⑧̸ ⑨̸

○ 9개에서 ○ 4개를 /으로 지우면
5개가 남으므로 9-4=5예요.

4 $9-8=\square$

① ② ③ ④ ⑤
⑥ ⑦ ⑧ ⑨

8 $8-4=\square$

① ② ③ ④ ⑤
⑥ ⑦ ⑧

1 $6-1=\square$

① ② ③ ④ ⑤
⑥

5 $7-4=\square$

① ② ③ ④ ⑤
⑥ ⑦

9 $9-5=\square$

① ② ③ ④ ⑤
⑥ ⑦ ⑧ ⑨

2 $7-2=\square$

① ② ③ ④ ⑤
⑥ ⑦

6 $8-6=\square$

① ② ③ ④ ⑤
⑥ ⑦ ⑧

10 $7-6=\square$

① ② ③ ④ ⑤
⑥ ⑦

3 $8-1=\square$

① ② ③ ④ ⑤
⑥ ⑦ ⑧

7 $6-1=\square$

① ② ③ ④ ⑤
⑥

11 $9-2=\square$

① ② ③ ④ ⑤
⑥ ⑦ ⑧ ⑨

🔍 241013-0820 ~ 241013-0831

12 $6-2=\boxed{}$

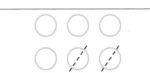

16 $8-2=\boxed{}$

20 $9-7=\boxed{}$

13 $8-7=\boxed{}$

17 $9-6=\boxed{}$

21 $7-3=\boxed{}$

14 $9-1=\boxed{}$

18 $7-1=\boxed{}$

22 $8-3=\boxed{}$

15 $7-5=\boxed{}$

19 $6-3=\boxed{}$

23 $9-5=\boxed{}$

241013-0832 ~ 241013-0839

❀ 수 가르기를 하고 뺄셈을 해 보세요.

연산Key

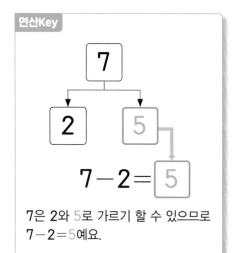

7은 2와 5로 가르기 할 수 있으므로
7−2=5예요.

❸
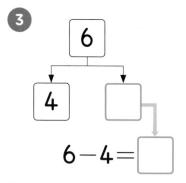

❻
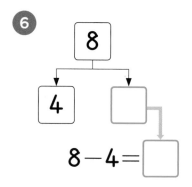

❶
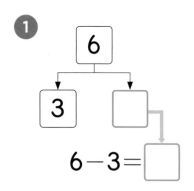

❹
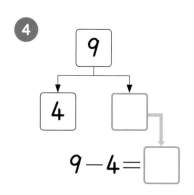

❼
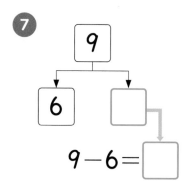

❷
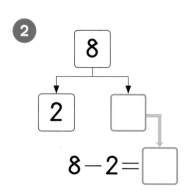

❺
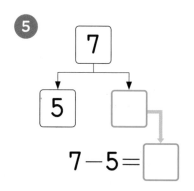

❽
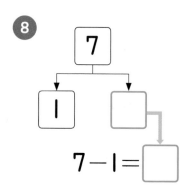

9

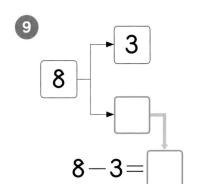

$8-3=\boxed{}$

12

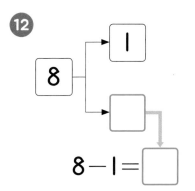

$8-1=\boxed{}$

15

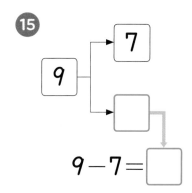

$9-7=\boxed{}$

10

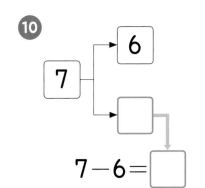

$7-6=\boxed{}$

13

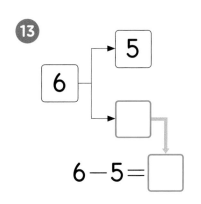

$6-5=\boxed{}$

16

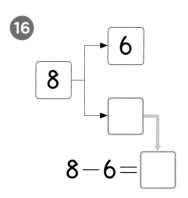

$8-6=\boxed{}$

11

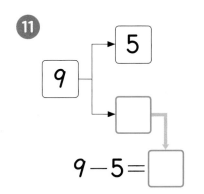

$9-5=\boxed{}$

14

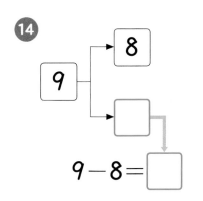

$9-8=\boxed{}$

17

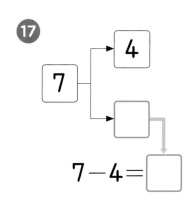

$7-4=\boxed{}$

241013-0849 ~ 241013-0855

✿ 뺄셈식에 맞게 화살표를 그리고 뺄셈을 해 보세요.

연산Key

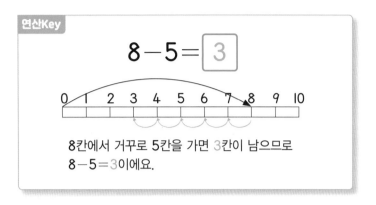

$$8-5=\boxed{3}$$

8칸에서 거꾸로 5칸을 가면 3칸이 남으므로
8−5=3이에요.

❹ $9-2=\boxed{}$

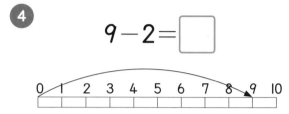

❶ $7-4=\boxed{}$

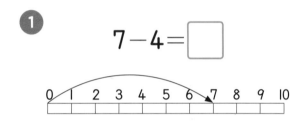

❺ $8-4=\boxed{}$

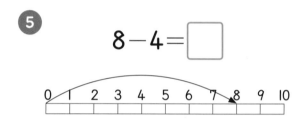

❷ $8-1=\boxed{}$

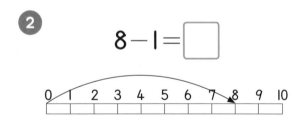

❻ $7-2=\boxed{}$

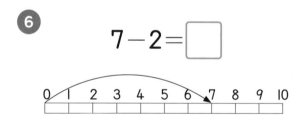

❸ $9-5=\boxed{}$

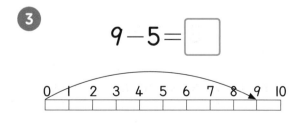

❼ $6-3=\boxed{}$

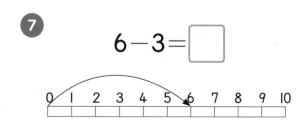

수막대에 화살표를 왼쪽 방향으로 그리면 뺄셈을 나타내요.

241013-0856 ~ 241013-0863

8 $7-1=\boxed{}$

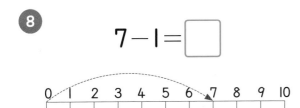

9 $9-7=\boxed{}$

10 $8-6=\boxed{}$

11 $7-5=\boxed{}$

12 $9-4=\boxed{}$

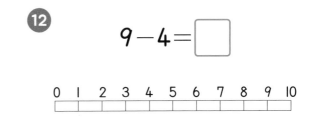

13 $6-2=\boxed{}$

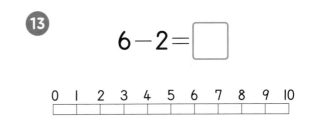

14 $9-6=\boxed{}$

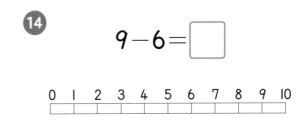

15 $8-3=\boxed{}$

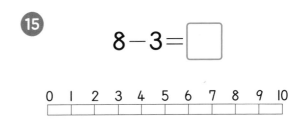

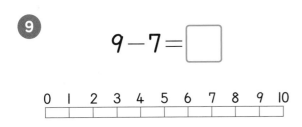

241013-0864 ~ 241013-0871

❋ 수 가르기를 하고 뺄셈을 해 보세요.

연산Key

9

7 2

9 − 7 = 2

9는 2와 7로 가르기 할 수 있으므로
9−2=7이에요.

❸
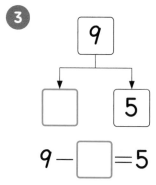

9 − ⬜ = 5

❻
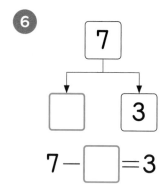

7 − ⬜ = 3

❶

6

⬜ 5

6 − ⬜ = 5

❹
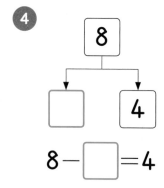

8 − ⬜ = 4

❼
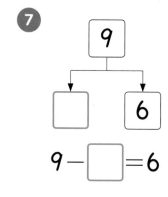

9 − ⬜ = 6

❷

7

⬜ 2

7 − ⬜ = 2

❺
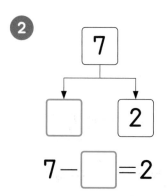

9 − ⬜ = 8

❽
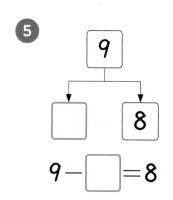

8 − ⬜ = 6

가르기를 한 두 수 중 한 수는 뺄셈식의 답이 돼요.

⑨

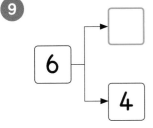

$6 - \boxed{} = 4$

⑫

$8 - \boxed{} = 2$

⑮

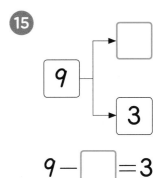

$9 - \boxed{} = 3$

⑩

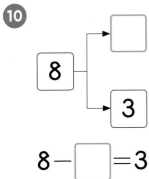

$8 - \boxed{} = 3$

⑬

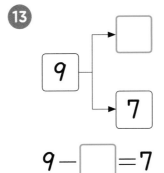

$9 - \boxed{} = 7$

⑯

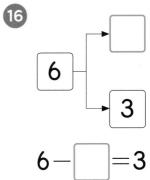

$6 - \boxed{} = 3$

⑪

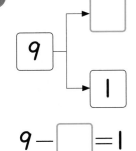

$9 - \boxed{} = 1$

⑭

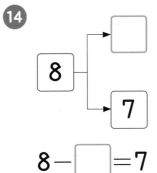

$8 - \boxed{} = 7$

⑰

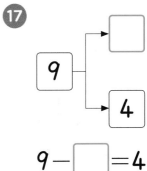

$9 - \boxed{} = 4$

MEMO

만점왕 연산

Pre

1단계

예비 초등 권장

정답

1, 2, 3, 4, 5 알기

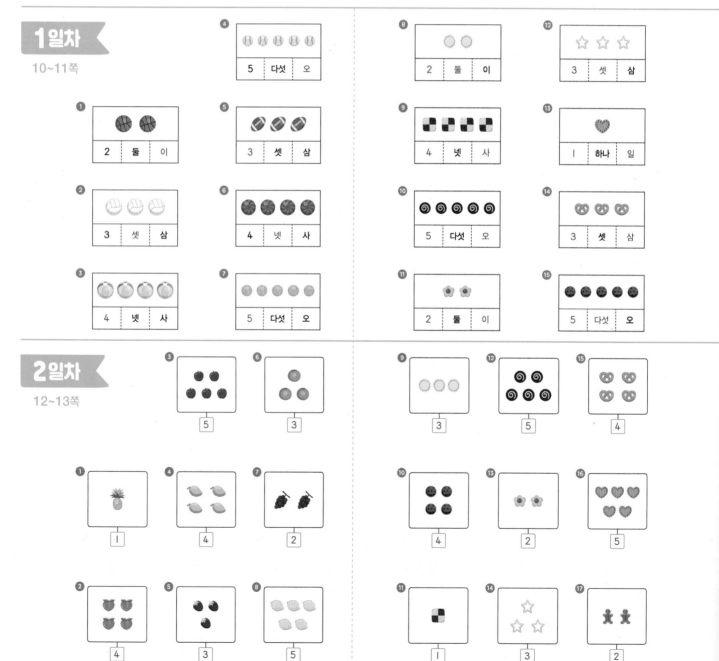

1일차

10~11쪽

2일차

12~13쪽

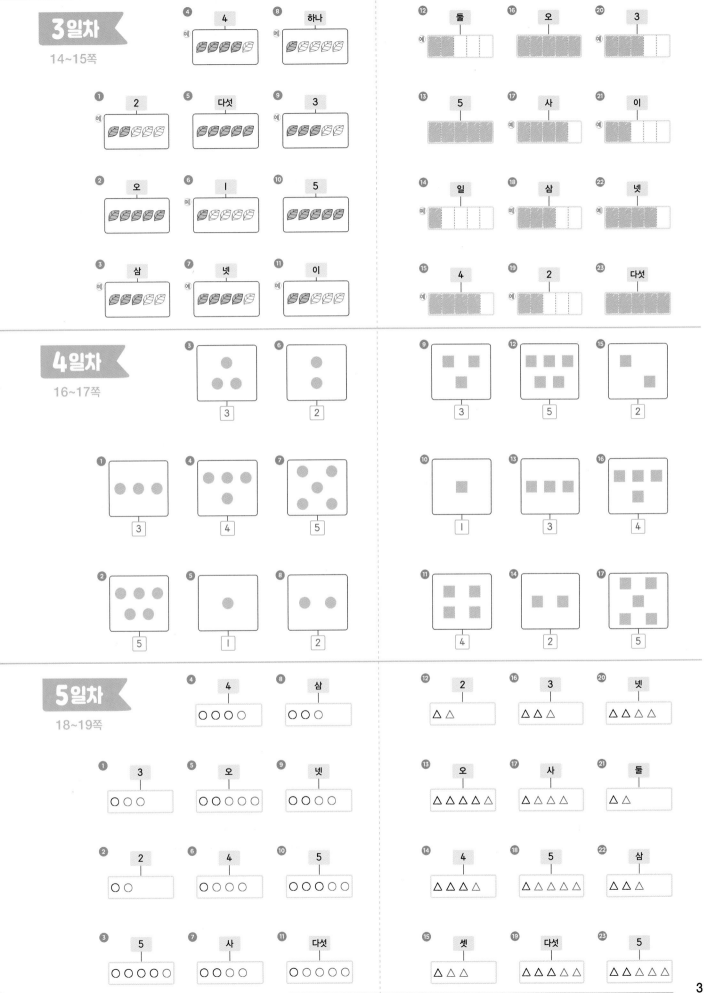

연산 2차시

6, 7, 8, 9, 10 알기

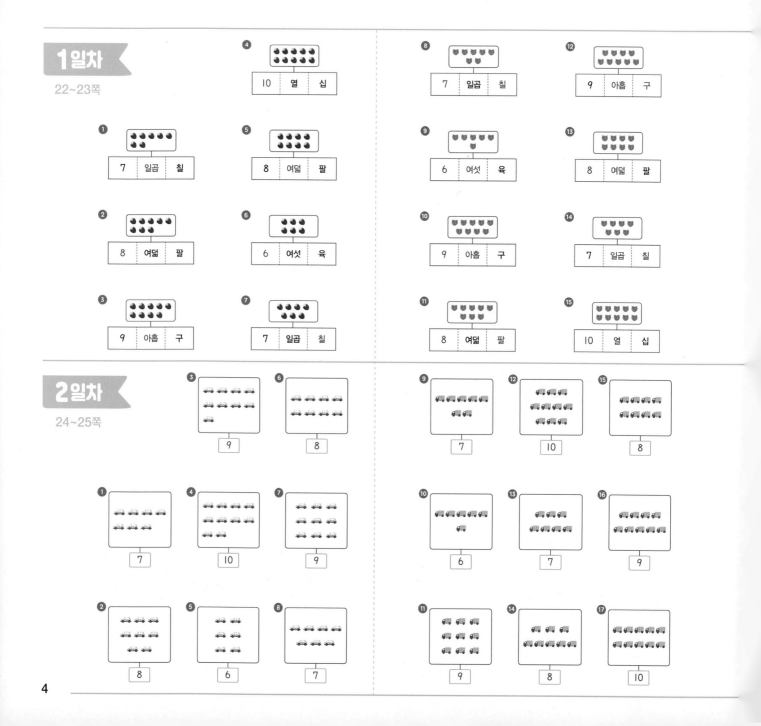

1일차

22~23쪽

① 7 일곱 칠
② 8 여덟 팔
③ 9 아홉 구
④ 10 열 십
⑤ 8 여덟 팔
⑥ 6 여섯 육
⑦ 7 일곱 칠
⑧ 7 일곱 칠
⑨ 6 여섯 육
⑩ 9 아홉 구
⑪ 8 여덟 팔
⑫ 9 아홉 구
⑬ 8 여덟 팔
⑭ 7 일곱 칠
⑮ 10 열 십

2일차

24~25쪽

① 7
② 8
③ 9
④ 10
⑤ 6
⑥ 8
⑦ 9
⑧ 7
⑨ 7
⑩ 6
⑪ 9
⑫ 10
⑬ 7
⑭ 8
⑮ 8
⑯ 9
⑰ 10

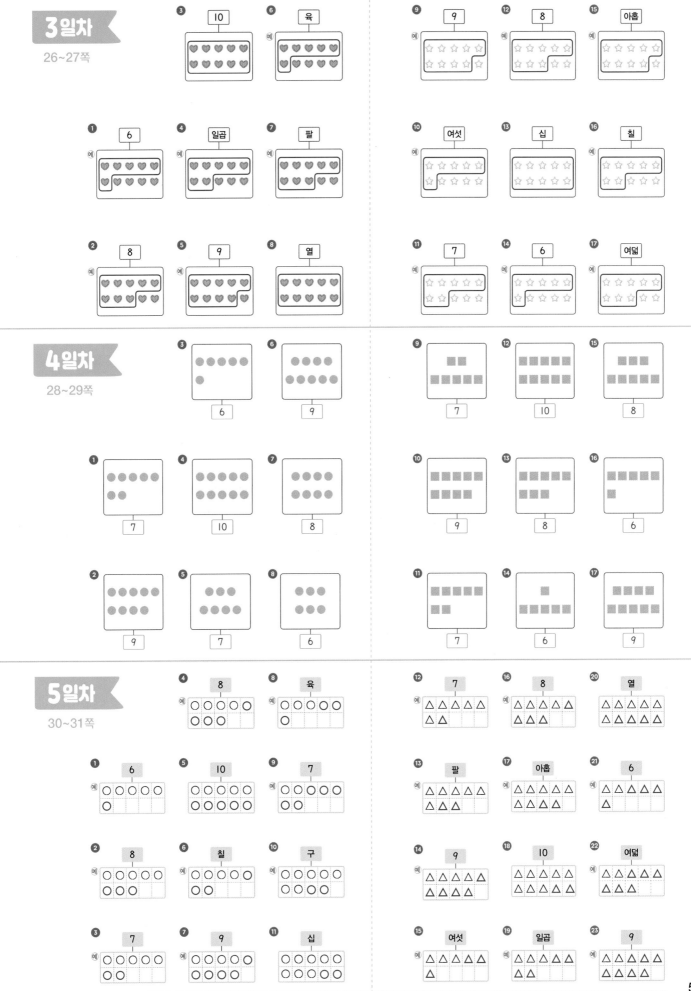

10까지의 수의 순서

1일차
34~35쪽

① | 1 | 2 | 3 | 4 | 5 |

② | 2 | 3 | 4 | 5 | 6 |

③ | 3 | 4 | 5 | 6 | 7 |

④ | 3 | 4 | 5 | 6 | 7 |

⑤ | 4 | 5 | 6 | 7 | 8 |

⑥ | 4 | 5 | 6 | 7 | 8 |

⑦ | 5 | 6 | 7 | 8 | 9 |

⑧ | 6 | 7 | 8 | 9 | 10 |

⑨ | 6 | 7 | 8 | 9 | 10 |

⑩ | 1 | 2 | 3 | 4 | 5 |

⑪ | 1 | 2 | 3 | 4 | 5 |

⑫ | 2 | 3 | 4 | 5 | 6 |

⑬ | 2 | 3 | 4 | 5 | 6 |

⑭ | 3 | 4 | 5 | 6 | 7 |

⑮ | 4 | 5 | 6 | 7 | 8 |

⑯ | 5 | 6 | 7 | 8 | 9 |

⑰ | 5 | 6 | 7 | 8 | 9 |

⑱ | 6 | 7 | 8 | 9 | 10 |

⑲ | 6 | 7 | 8 | 9 | 10 |

2일차
36~37쪽

① | 1 | 2 | 3 | 4 | 5 | 6 | 7 | 8 | 9 | 10 |

② | 1 | 2 | 3 | 4 | 5 | 6 | 7 | 8 | 9 | 10 |

③ | 1 | 2 | 3 | 4 | 5 | 6 | 7 | 8 | 9 | 10 |

④ | 1 | 2 | 3 | 4 | 5 | 6 | 7 | 8 | 9 | 10 |

⑤ | 1 | 2 | 3 | 4 | 5 | 6 | 7 | 8 | 9 | 10 |

⑥ | 1 | 2 | 3 | 4 | 5 | 6 | 7 | 8 | 9 | 10 |

⑦ | 1 | 2 | 3 | 4 | 5 | 6 | 7 | 8 | 9 | 10 |

⑧ | 1 | 2 | 3 | 4 | 5 | 6 | 7 | 8 | 9 | 10 |

⑨ | 1 | 2 | 3 | 4 | 5 | 6 | 7 | 8 | 9 | 10 |

⑩ | 1 | 2 | 3 | 4 | 5 | 6 | 7 | 8 | 9 | 10 |

⑪ | 1 | 2 | 3 | 4 | 5 | 6 | 7 | 8 | 9 | 10 |

3일차
38~39쪽

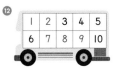

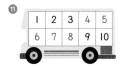

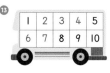

4일차
40~41쪽

❶
| 10 | 9 | 8 | 7 | 6 | 5 | 4 | 3 | 2 | 1 |

❷
| 10 | 9 | 8 | 7 | 6 | 5 | 4 | 3 | 2 | 1 |

❸
| 10 | 9 | 8 | 7 | 6 | 5 | 4 | 3 | 2 | 1 |

❹
| 10 | 9 | 8 | 7 | 6 | 5 | 4 | 3 | 2 | 1 |

❺
| 10 | 9 | 8 | 7 | 6 | 5 | 4 | 3 | 2 | 1 |

❻
| 10 | 9 | 8 | 7 | 6 | 5 | 4 | 3 | 2 | 1 |

❼
| 10 | 9 | 8 | 7 | 6 | 5 | 4 | 3 | 2 | 1 |

❽
| 10 | 9 | 8 | 7 | 6 | 5 | 4 | 3 | 2 | 1 |

❾
| 10 | 9 | 8 | 7 | 6 | 5 | 4 | 3 | 2 | 1 |

❿
| 10 | 9 | 8 | 7 | 6 | 5 | 4 | 3 | 2 | 1 |

⓫
| 10 | 9 | 8 | 7 | 6 | 5 | 4 | 3 | 2 | 1 |

5일차
42~43쪽

❶ 1 2 3 4 5 6 7 8 9 10

❷ 1 2 3 4 5 6 7 8 9 10

❸ 1 2 3 4 5 6 7 8 9 10

❹ 1 2 3 4 5 6 7 8 9 10

❺ 10 9 8 7 6 5 4 3 2 1

❻ 10 9 8 7 6 5 4 3 2 1

❼ 10 9 8 7 6 5 4 3 2 1

❽ 10 9 8 7 6 5 4 3 2 1

❾ 10 9 8 7 6 5 4 3 2 1

10까지의 수의 크기 비교

1일차
46~47쪽

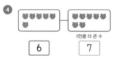 6 7

 0 1

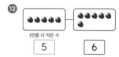 5 6

1 1 2

 7 8

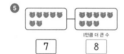 1 2

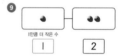 6 7

2 2 3

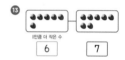 8 9

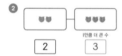 2 3

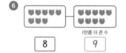 7 8

3 4 5

 9 10

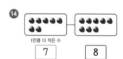 3 4

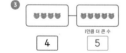 8 9

2일차
48~49쪽

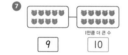 5 6 7

 3 4 5

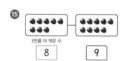 4 5 6

 1 2 3

 7 8 9

 0 1 2

 6 7 8

 4 5 6

 1 2 3

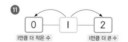 5 6 7

 2 3 4

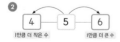 3 4 5

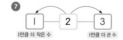 6 7 8

 1 2 3

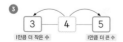 8 9 10

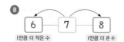 2 3 4

 8 9 10

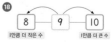 8 9 10

 2 3 4

 8 9 10

 7 8 9

 0 1 2

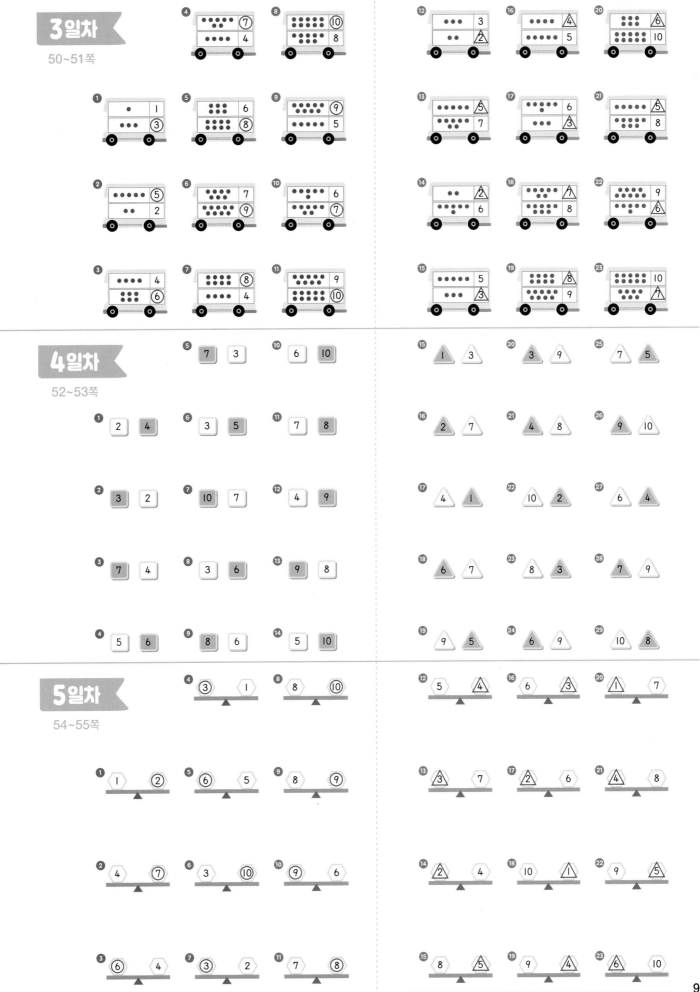

2~5까지의
수 모으기와 가르기

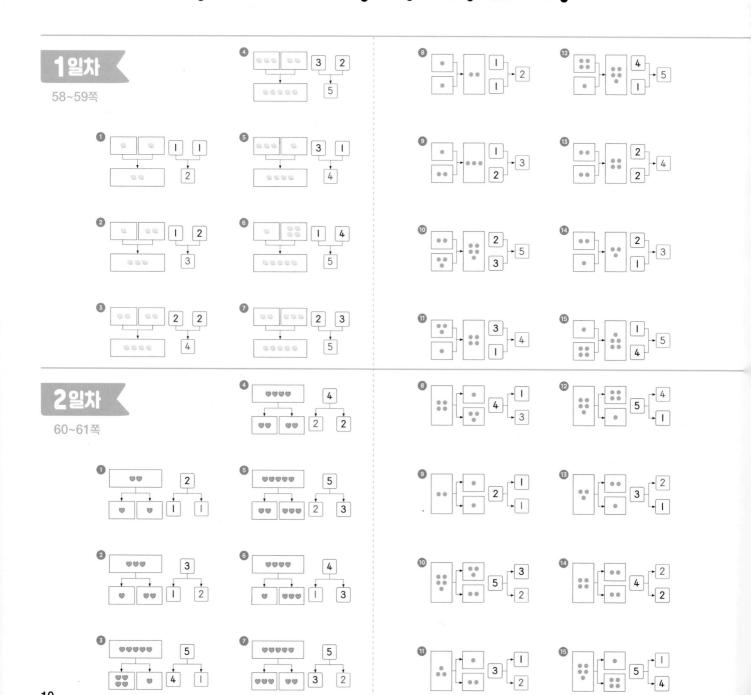

1일차

58~59쪽

2일차

60~61쪽

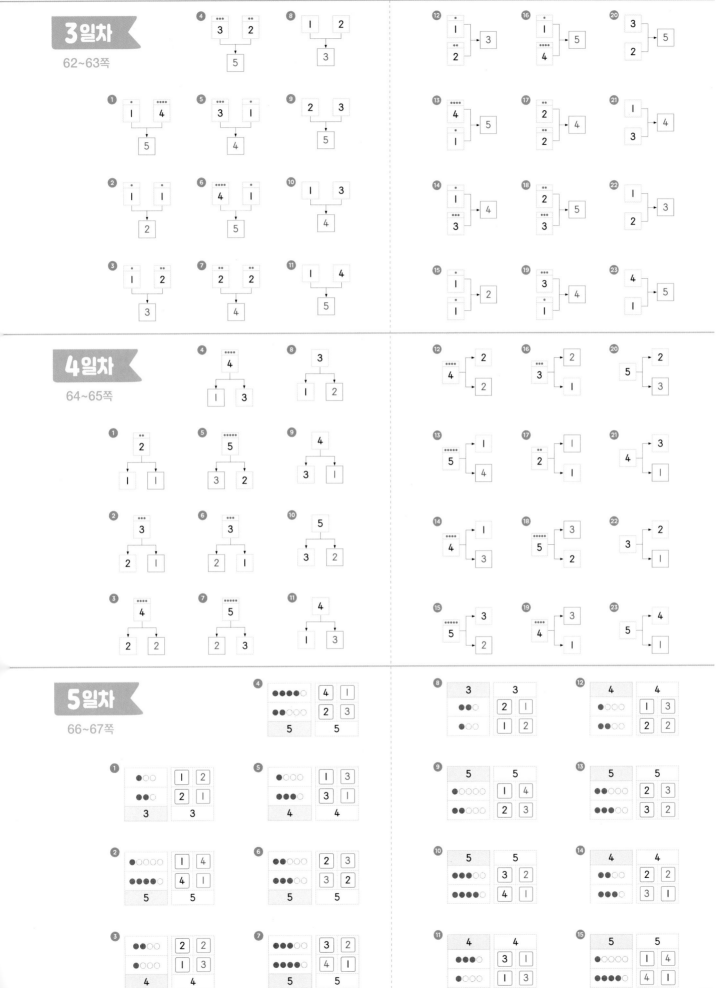

5까지의 덧셈

1일차

70~71쪽

❶ $1+1=2$

❷ $2+1=3$

❸ $1+3=4$

❹ $2+2=4$

❺ $2+3=5$

❻ $4+1=5$

❼ $3+1=4$

❽ $2+1=3$

❾ $2+2=4$

❿ $1+2=3$

⓫ $2+3=5$

⓬ $3+2=5$

⓭ $1+1=2$

⓮ $3+1=4$

⓯ $4+1=5$

2일차

72~73쪽

❶ $1+1=2$

❷ $2+2=4$

❸ $2+1=3$

❹ $1+4=5$

❺ $1+2=3$

❻ $2+3=5$

❼ $3+1=4$

❽ $4+1=5$

❾ $3+2=5$

❿ $2+2=4$

⓫ $1+2=3$

⓬ $3+2=5$

⓭ $1+4=5$

⓮ $3+1=4$

⓯ $1+1=2$

⓰ $2+3=5$

⓱ $2+1=3$

⓲ $1+3=4$

⓳ $4+1=5$

3일차
74~75쪽

③ $3+2=5$
⑥ $4+1=5$
⑨ $1+2=3$
⑫ $3+1=4$
⑮ $2+3=5$

① $1+1=2$
④ $3+1=4$
⑦ $2+1=3$
⑩ $1+3=4$
⑬ $2+2=4$
⑯ $4+1=5$

② $1+2=3$
⑤ $2+3=5$
⑧ $1+4=5$
⑪ $2+1=3$
⑭ $1+4=5$
⑰ $3+2=5$

4일차
76~77쪽

④ $1+1=2$
⑧ $2+1=3$
⑫ $3+2=5$

① $1+2=3$
⑤ $2+2=4$
⑨ $3+1=4$
⑬ $4+1=5$

② $2+1=3$
⑥ $3+2=5$
⑩ $1+1=2$
⑭ $2+2=4$

③ $1+3=4$
⑦ $4+1=5$
⑪ $1+2=3$
⑮ $1+4=5$

5일차
78~79쪽

③ $1+1=2$
⑥ $1+3=4$
⑨ $4+1=5$
⑫ $2+1=3$
⑮ $1+3=4$

① $3+1=4$
④ $4+1=5$
⑦ $2+3=5$
⑩ $2+2=4$
⑬ $1+1=2$
⑯ $1+2=3$

② $2+1=3$
⑤ $2+2=4$
⑧ $1+4=5$
⑪ $3+1=4$
⑭ $3+2=5$
⑰ $2+3=5$

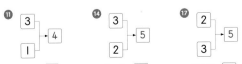

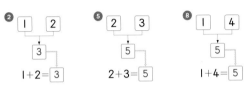

5까지의 뺄셈

1일차
82~83쪽

①
2
1
$2-1=1$

②
3
2
$3-2=1$

③
4
2
$4-2=2$

④
5
1
$5-1=4$

⑤
3
1
$3-1=2$

⑥
5
2
$5-2=3$

⑦
4
3
$4-3=1$

⑧
3
1
$3-1=2$

⑨
3
2
$3-2=1$

⑩
4
1
$4-1=3$

⑪
5
1
$5-1=4$

⑫
5
2
$5-2=3$

⑬
4
2
$4-2=2$

⑭
5
3
$5-3=2$

⑮
5
4
$5-4=1$

2일차
84~85쪽

① $2-1=1$

② $3-2=1$

③ $4-1=3$

④ $5-2=3$

⑤ $3-1=2$

⑥ $5-1=4$

⑦ $4-2=2$

⑧ $5-4=1$

⑨ $4-3=1$

⑩ $5-2=3$

⑪ $4-3=1$

⑫ $2-1=1$

⑬ $3-2=1$

⑭ $4-1=3$

⑮ $5-1=4$

⑯ $3-1=2$

⑰ $5-3=2$

⑱ $4-2=2$

⑲ $5-4=1$

③ $4 - 1 = 3$

⑥ $5 - 3 = 2$

⑨ $2 - 1 = 1$

⑫ $5 - 4 = 1$

⑮ $4 - 2 = 2$

① $2 - 1 = 1$

④ $5 - 2 = 3$

⑦ $4 - 3 = 1$

⑩ $5 - 3 = 2$

⑬ $4 - 1 = 3$

⑯ $3 - 1 = 2$

② $4 - 2 = 2$

⑤ $3 - 1 = 2$

⑧ $5 - 4 = 1$

⑪ $4 - 3 = 1$

⑭ $3 - 2 = 1$

⑰ $5 - 2 = 3$

④ $5 - 2 = 3$

⑧ $4 - 1 = 3$

⑫ $3 - 1 = 2$

① $2 - 1 = 1$

⑤ $3 - 1 = 2$

⑨ $5 - 3 = 2$

⑬ $4 - 2 = 2$

② $3 - 2 = 1$

⑥ $5 - 1 = 4$

⑩ $5 - 4 = 1$

⑭ $4 - 3 = 1$

③ $5 - 3 = 2$

⑦ $4 - 3 = 1$

⑪ $3 - 2 = 1$

⑮ $5 - 2 = 3$

③ $3 - 2 = 1$

⑥ $5 - 4 = 1$

⑨ $3 - 1 = 2$

⑫ $2 - 1 = 1$

⑮ $5 - 1 = 4$

① $4 - 3 = 1$

④ $5 - 2 = 3$

⑦ $4 - 2 = 2$

⑩ $5 - 2 = 3$

⑬ $5 - 4 = 1$

⑯ $4 - 1 = 3$

② $3 - 1 = 2$

⑤ $4 - 1 = 3$

⑧ $5 - 1 = 4$

⑪ $4 - 3 = 1$

⑭ $4 - 2 = 2$

⑰ $5 - 3 = 2$

연산 8차시

6~9까지의
수 모으기와 가르기

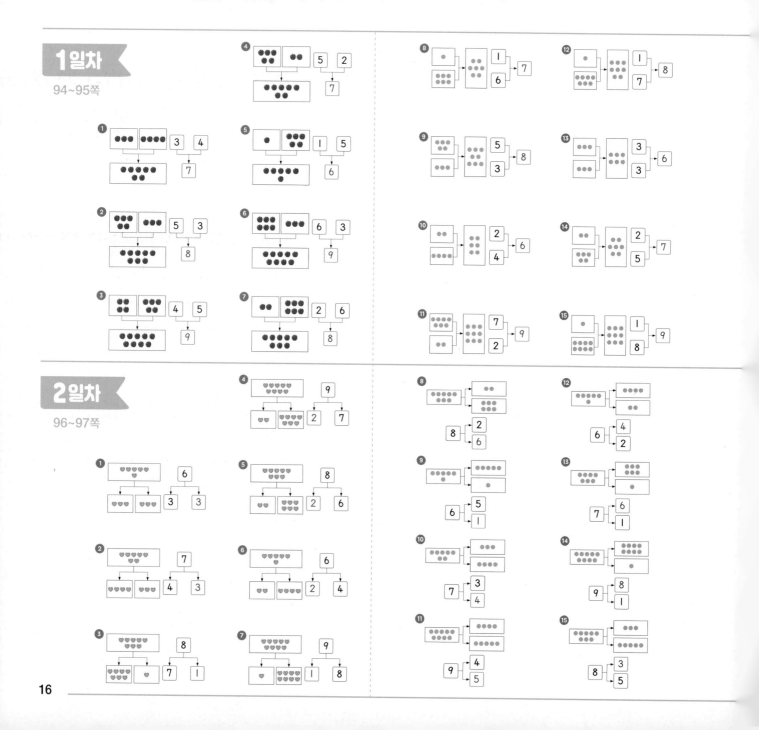

1일차

94~95쪽

2일차

96~97쪽

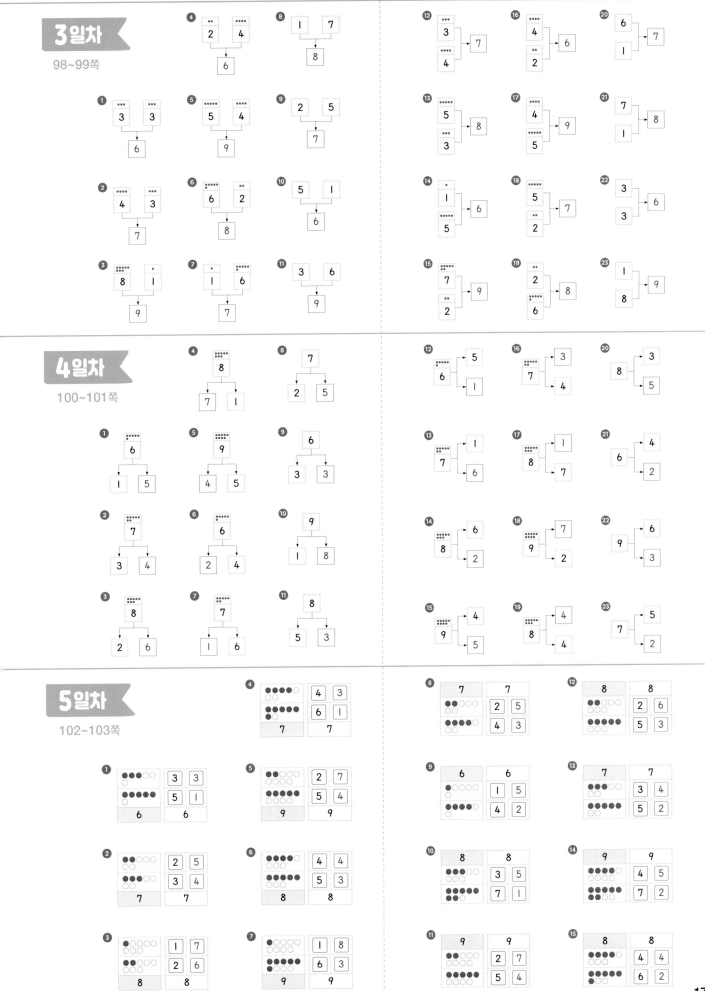

연산 **9**차시

IO보다 작은 덧셈

1일차

106~107쪽

1 1+5= 6

2 2+6= 8

3 3+3= 6

4 3+5= 8

5 7+2= 9

6 6+1= 7

7 5+2= 7

8 4+2= 6

9 2+5= 7

10 4+3= 7

11 6+2= 8

12 1+8= 9

13 4+4= 8

14 5+3= 8

15 3+6= 9

2일차

108~109쪽

1 5+1= 6

2 2+4= 6

3 6+1= 7

4 3+3= 6

5 1+5= 6

6 2+6= 8

7 1+7= 8

8 5+4= 9

9 3+5= 8

10 3+4= 7

11 4+4= 8

12 2+4= 6

13 5+2= 7

14 3+6= 9

15 4+3= 7

16 1+8= 9

17 6+2= 8

18 2+7= 9

19 5+1= 6

20 5+3= 8

21 1+6= 7

22 4+5= 9

23 8+1= 9

18

3일차
110~111쪽

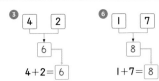

❸ 4 2 → 6 4+2=6
❻ 1 7 → 8 1+7=8

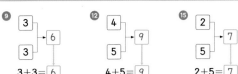

❾ 3 3 → 6 3+3=6
⓬ 4 5 → 9 4+5=9
⓯ 2 5 → 7 2+5=7

❶ 2 4 → 6 2+4=6
❹ 5 3 → 8 5+3=8
❼ 3 6 → 9 3+6=9
❿ 5 1 → 6 5+1=6
⓭ 7 2 → 9 7+2=9
⓰ 6 3 → 9 6+3=9

❷ 3 4 → 7 3+4=7
❺ 6 2 → 8 6+2=8
❽ 4 5 → 9 4+5=9
⓫ 6 2 → 8 6+2=8
⓮ 1 8 → 9 1+8=9
⓱ 3 5 → 8 3+5=8

4일차
112~113쪽

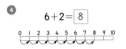
❹ 6+2=8

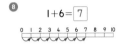
❽ 1+6=7

⓬ 6+3=9

❶ 2+4=6
❺ 7+2=9
❾ 5+3=8
⓭ 2+5=7

❷ 5+2=7
❻ 3+4=7
❿ 3+3=6
⓮ 4+4=8

❸ 1+5=6
❼ 8+1=9
⓫ 2+7=9
⓯ 5+4=9

5일차
114~115쪽

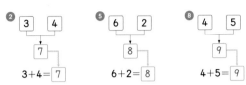

❸ 2 5 → 7 2+5=7
❻ 3 5 → 8 3+5=8

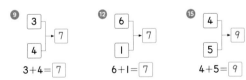

❾ 3 4 → 7 3+4=7
⓬ 6 1 → 7 6+1=7
⓯ 4 5 → 9 4+5=9

❶ 1 6 → 7 1+6=7
❹ 4 2 → 6 4+2=6
❼ 7 1 → 8 7+1=8
❿ 2 4 → 6 2+4=6
⓭ 5 2 → 7 5+2=7
⓰ 1 8 → 9 1+8=9

❷ 4 4 → 8 4+4=8
❺ 2 7 → 9 2+7=9
❽ 5 4 → 9 5+4=9
⓫ 7 2 → 9 7+2=9
⓮ 4 3 → 7 4+3=7
⓱ 6 2 → 8 6+2=8

19

연산 10차시

10보다 작은 뺄셈

1일차

118~119쪽

① $6-3=3$

② $7-6=1$

③ $8-1=7$

④ $9-2=7$

⑤ $6-1=5$

⑥ $7-2=5$

⑦ $9-6=3$

⑧ $8-2=6$

⑨ $9-1=8$

⑩ $8-3=5$

⑪ $6-4=2$

⑫ $9-5=4$

⑬ $8-4=4$

⑭ $7-4=3$

⑮ $9-3=6$

2일차

120~121쪽

④ $9-8=1$

⑧ $8-4=4$

⑫ $6-2=4$

⑯ $8-2=6$

⑳ $9-7=2$

① $6-1=5$

⑤ $7-4=3$

⑨ $9-5=4$

⑬ $8-7=1$

⑰ $9-6=3$

㉑ $7-3=4$

② $7-2=5$

⑥ $8-6=2$

⑩ $7-6=1$

⑭ $9-1=8$

⑱ $7-1=6$

㉒ $8-3=5$

③ $8-1=7$

⑦ $6-1=5$

⑪ $9-2=7$

⑮ $7-5=2$

⑲ $6-3=3$

㉓ $9-5=4$

20

3일차
122~123쪽

③ 6 → 4, 2
6−4=2

⑥ 8 → 4, 4
8−4=4

⑨ 8 → 3, 5
8−3=5

⑫ 8 → 1, 7
8−1=7

⑮ 9 → 7, 2
9−7=2

① 6 → 3, 3
6−3=3

④ 9 → 4, 5
9−4=5

⑦ 9 → 6, 3
9−6=3

⑩ 7 → 6, 1
7−6=1

⑬ 6 → 5, 1
6−5=1

⑯ 8 → 6, 2
8−6=2

② 8 → 2, 6
8−2=6

⑤ 7 → 5, 2
7−5=2

⑧ 7 → 1, 6
7−1=6

⑪ 9 → 5, 4
9−5=4

⑭ 9 → 8, 1
9−8=1

⑰ 7 → 4, 3
7−4=3

4일차
124~125쪽

④ 9−2=7

① 7−4=3

② 8−1=7

③ 9−5=4

⑤ 8−4=4

⑥ 7−2=5

⑦ 6−3=3

⑧ 7−1=6

⑨ 9−7=2

⑩ 8−6=2

⑪ 7−5=2

⑫ 9−4=5

⑬ 6−2=4

⑭ 9−6=3

⑮ 8−3=5

5일차
126~127쪽

③ 9 → 4, 5
9−4=5

⑥ 7 → 4, 3
7−4=3

⑨ 6 → 2, 4
6−2=4

⑫ 8 → 6, 2
8−6=2

⑮ 9 → 6, 3
9−6=3

① 6 → 1, 5
6−1=5

④ 8 → 4, 4
8−4=4

⑦ 9 → 3, 6
9−3=6

⑩ 8 → 5, 3
8−5=3

⑬ 9 → 2, 7
9−2=7

⑯ 6 → 3, 3
6−3=3

② 7 → 5, 2
7−5=2

⑤ 9 → 1, 8
9−1=8

⑧ 8 → 2, 6
8−2=6

⑪ 9 → 8, 1
9−8=1

⑭ 8 → 1, 7
8−1=7

⑰ 9 → 5, 4
9−5=4

MEMO

MEMO

만점왕 연산

Pre

1단계

예비 초등 권장